ADIEU GELIEBTE DAMPFLOK

Karl-Ernst Maedel

ADIEU
GELIEBTE DAMPFLOK

ANEKDOTEN UND ERINNERUNGEN

zusammengestellt von
Siegfried Fischer

KOSMOS

Mit 8 Farb- und 26 SW-Fotos im Text. Die Fotos stammen, soweit nicht anders angegeben, aus dem Archiv des Verfassers.

Umschlaggestaltung von Atelier Jürgen Reichert, Stuttgart, unter Verwendung einer Aufnahme von Stephan Franz.

Die Deutsche Bibliothek – CIP-Einheitsaufnahme

Maedel, Karl-Ernst:
Adieu geliebte Dampflok : Anekdoten und Erinnerungen / Karl-Ernst Maedel. Zsgest. von Siegfried Fischer. – Stuttgart : Kosmos, 1999
ISBN 3-440-07698-9

ISBN 3-440-07698-9
Lektorat und Herstellung: Siegfried Fischer, Stuttgart
Printed in Czech Republic/Imprimé en République tchèque
Satz und Repro: Typomedia Satztechnik GmbH, Ostfildern
Druck und Bindung: Těšínská Tiskárna AG, Česky Tesín

Adieu geliebte Dampflok

Zu diesem Buch

Im Jahre 1960 brachte die Franckh'sche Verlagshandlung, Stuttgart, erstmals das Buch „Geliebte Dampflok" von Karl-Ernst Maedel heraus. Kaum ein Buch über die Eisenbahn hat so viele Freunde gefunden wie diese Liebeserklärung an die Dampflokomotive.

Es liegt nahe, nach nunmehr fast vierzig Jahren an jenes Erfolgsbuch anzuknüpfen und ihm – nachdem die Dampflok längst Geschichte geworden ist – noch einen Abgesang anzufügen.

Im vorliegenden Buch sind Erzählungen zusammengefaßt, die der Verfasser in den Jahren 1965 bis 1987 für mehrere Bücher geschrieben hat. Zwei bisher noch unveröffentlichte Aufsätze aus neuerer Zeit ergänzen die Sammlung. Alle entstanden aber in einer Zeit, als das Ende der Dampfepoche als drohendes Menetekel im Raum schwebte, aber dennoch niemand so recht daran glauben mochte. Denn es dampfte allenthalben noch auf den Schienensträngen der ganzen Welt. So qualmt und zischt es auch auf den folgenden Seiten, und Maedel führt uns in kleinen Miniaturen noch einmal die facettenreiche Zeit der Dampfmaschine vor Augen.

Die Dampflokomotiven verschwanden nach und nach während der siebziger Jahre, im Westen noch eher als im Osten, denn es gab noch zwei deutsche Staaten. So tritt bei einzelnen Erzählungen auch die Zonengrenze in Erscheinung mit all ihren Widerwärtigkeiten. Als die beiden deutschen Bahnen 1990 zusammenwuchsen, gab es bereits keinen offiziellen Dampfbetrieb mehr. Immerhin hat sowohl die westdeutsche Bundesbahn als auch die ostdeutsche Reichsbahn eine ganze Reihe Dampflokomotiven am Leben erhalten, die heute in sogenannten Nostalgiefahrten oder bei Anlaß von Bahnjubiläen wieder ihren Dienst auf dem Schienenstrang aufnehmen können. Denn besonders jüngeren Menschen ist die Dampflok bereits eine unbekannte Größe. Darüber hinaus bietet so mancher rührige Verein, der sich dem Erhalt einzelner Maschinen verschrieben hat, Gelegenheit, sie noch einmal hautnah zu erleben. Die Alten jedoch können sich noch gut an die fauchenden Riesen erinnern, denken wir an die sogenannte 01, die irgendwie schon zu einer Art Legende aufgerückt ist.

Ob wir sie nun lieben oder ob wir der Dampfkraft gleichgültig gegenüberstehen, das mag der Mentalität jedes einzelnen entsprechen. Für den Autor jedenfalls war sie Inbegriff seiner Zeit, aber auch seines Lebens. Es weht ein Hauch von Wehmut durch diese Zeilen. Maedel hat seine Gefühle in seinem Buch „Das Eisenbahnjahrhundert", das ja mit der Zeit der Dampflokomotive identisch ist, geschildert:

Wehmut will uns auf diesen letzten Seiten beschleichen. Doch es ist die gleiche Wehmut, mit der unsere Vorväter der Postkutsche nachtrauerten, als dem Inbegriff geruhsamer Idylle, es ist die Wehmut der Resignation. Trotzdem: Freuen wir uns, daß wir noch den Abendglanz dessen erleben durften, was uns heute als eine der hoffnungsvollsten Epochen der Menschheitsgeschichte bewußt wird – des Eisenbahn-Jahrhunderts und der Dampflokomotive.

Herausgeber und Verlag

Meine Klebeperiode

Adieu sagen heißt Abschied nehmen, im Guten wie im Bösen, Abschied von lieben Menschen und liebgewordenen Dingen, auch Abschied von Widerwärtigkeiten im Leben. So läßt auch der Abschied von der Dampflok zwiespältige Gefühle aufkommen. Für den passionierten Eisenbahnfreund – wozu sich auch der Verfasser zählt – bedeutete es die Trennung von einer alten Liebe. Für den nüchternen Mitmenschen unserer Tage hingegen ist es ein Abschied von einer Niegeliebten. Denn der weit überwiegende Teil der Menschheit trauert ihr nicht im entferntesten nach, ja hat sie überhaupt vergessen, falls er nicht durch sogenannte Nostalgie-Reisen unangenehm daran erinnert wird. Dampflok, das heißt stets Dreck, Schmutz, Ruß, stinkender Rauch und Dampfwolken, die einem die Sicht versperren, eben Technik von vorgestern, die keinen Vergleich mit unserer heutigen sauberen Schienenwelt aushält. So folgt diesem Abschied eine GottseiDank-Mentalität und ein Wohlgefühl, daß alles so viel besser und schöner geworden ist. Zumindest auf dem Schienenstrang, denn auf den Straßenverkehr kann der Komparativ besser kaum sinnvoll angewendet werden.

Ja und die anderen? Jener kleine Kreis von Eisenbahnnarren, die mit Begeisterung auf der Modelleisenbahn Minizüge im Kreis herum fahren lassen, sich dabei in eine imaginäre Welt versetzen und der großen Bahn nacheifern. Was soll unser Lächeln, wenn sie die kleine Modellok der Baureihe 80 mit einer, an der Zahl der Radumdrehungen gemessen, Geschwindigkeit von wenigstens 100 km/h dahinrasen lassen? Hier stört die Vernunft das Glücksgefühl des Betreibers nicht im geringsten.

Oder jene anderen, die meilenweit angereist kommen, nur um die Auspuffschläge einer 01-Dampflok zu hören und sich an kreisenden Zweimeterrädern zu berauschen. Auch sie gehören zu jenen, welche der Dampflok ein liebevolles Adieu nachrufen, selbst wenn sie mit dem Auto neuester Bauart zum Zielort angebraust sind. Freuen wir uns, daß sich noch so viele treue Verehrer der alten Technik zusammenfinden.

Da gibt es noch eine weitere Gruppe von Verehrern, die mit

einer Träne im Auge ihren Maschinen Adieu sagen. Wir meinen diejenigen, die kurzerhand Schlosser gelernt haben, dann mit Begeisterung die Kohlenschaufel geschwungen und schließlich nach bestandener Prüfung zum Lokführer und Meister am Regler aufgestiegen sind. Wie viele sind mir begegnet, die von ihrem Dienst auf dem Führerstand immer noch schwärmen, die als Rentner zum Bahnhof pilgern, wenn die Fahrt einer Museumslok angekündigt ist und mit Wehmut dem Zug nachschauen, neidvoll auf den Kollegen blickend, der nunmehr den Regler bedient. Das sind Menschen, deren Jugendtraum sich erfüllt hat, die kein anderes Ziel im Leben kannten und am Ende still und zufrieden den Ruhestand genießen, vielleicht noch ein bißchen beim Museumsverein werkeln oder ganz einfach von ihren Erinnerungen zehren.

Mai 1928. Die Erfurter 01 027, vor dem D 1, Basel – Berlin, wurde um 5 Uhr früh beim Zwischenhalt in Halle (Saale) Hbf aufgenommen. (Foto Sammlung Otte)

Doch es gibt noch eine ganz kleine Anzahl Menschen, unscheinbar und unauffällig, denen das Leben keine Gelegenheit geboten hat, Träume zu erfüllen, die sie in der Jugend gesponnen haben. Der Verfasser mag sich seit frühester Jugend dazu zählen. Seine Eltern waren in eine Wohnung „an der Bahn" gezogen, so daß er bei Tag und Nacht am Geschehen auf den Gleisen teilzunehmen vermochte. Stundenlang konnte er sich mit der Eisenbahn beschäftigen, Bilder sammeln, sofern es überhaupt welche gab. Doch das Leben selbst eines kleinen Kerls läßt neben den Rosen auch Dornen wachsen. Da saß er nun an seinem kleinen Schreibpult, in die eben erworbene neue Bettenhausen-Karte vertieft, deren Fotos so viel Neues boten. Vielleicht war es jenes Bild mit der Baureihe 39 vor dem Stuttgarter Schnellzug im Plaueschen Grund bei Arnstadt. Doch unerbittlich schlug das Schicksal zu: „Hast Du Deine Hausaufgaben gemacht??"

Hätte man dem Knaben einen Eimer kaltes Wasser über den Kopf geschüttet, er hätte nicht schrecklicher aus seinen Träumen erwachen können. Die solcher Träumerei abholde Mutter rückte mit ihrer verständnislosen Frage den jungen Eisenbahnfreund regelmäßig auf den Boden der nackten und schmerzlichen – ach so grausamen – Wirklichkeit zurück.

Es waren ja nur wenige Eisenbahnpostkarten, die es zu jener Zeit gab. Die Serie der erwähnten Fotos der Firma Bettenhausen kam um 1933 auf den Markt. Sobald ich Gelegenheit hatte, den heimischen Bahnhof zu besuchen, schlich ich, wie weiland Winnetou der Indianer – damals die Lieblingslektüre aller Jungen – um die Zeitungsstände oder die Bahnhofsbuchhandlung herum, eine jener Ansichtskarten mit dem Aufdruck „Ich komme" oder „Gut angekommen" zu ergattern. Das waren zu jener Zeit einfache Drucke mit rauher Oberfläche. Die prächtigen Hochglanzfotos kamen erst später auf. Die Karten wiesen schöne Motive auf, meist auf Bahnhöfen fotografiert, und genießen heute Seltenheitswert. Die Aufschrift konnte man ja abschneiden, sofern sie nicht quer über das Bild lief.

Diese – sagen wir mal – Ich-komme-Karten regten aber zu besonderem Tun an, nämlich zur Anlage der ersten Eisenbahnbilder-Sammlung. Ein tiefgreifendes Ereignis fiel in das Jahr 1930. Zum Weihnachtsfest lag ein Fotoapparat auf dem Gabentisch, für meine Eltern eine erhebliche Geldausgabe. Natürlich handelte es sich um eine Plattenkamera, denn vom Rollfilm hielt der Fotodrogist, der meinen Eltern das Gerät verkauft hatte, nicht viel. Man muß das Geschäft von der Pike auf lernen, so sein Urteil. Und das kann man nur mit Hilfe von Plattenkassetten, einem Stativ und einem schwarzen Tuch, zum Schutz vor Lichteinfall beim Beobachten der Mattscheibe. Da der Teufel im Detail steckt, gab es bei der damaligen Fotografie den Kassettenschieber, den man aus der Kassette herausziehen mußte, um den Lichtstrahl auf die Platte zu bannen. Wie oft wurde das vergessen, und alle alten Fotoamateure, die ähnliches erlebt haben, werden mir beipflichten: Es war reine Nervensache!

Wer jedoch nun der Hoffnung ist, ich hätte mich schleunigst ans Bahngelände begeben, die letzten alten Dampfer aus der Zeit vor dem Ersten Weltkrieg im Bilde festzuhalten, der irrt. Ich trauere heute noch den Versäumnissen der damaligen Zeit nach. Fotografieren kostet Geld, heute wie damals. Geldausgeben muß sich lohnen. So dachten auch meine Eltern. Eisenbahn ist Spinnerei, die kann man sich täglich anschauen und braucht sie nicht zu fotografieren. Hingegen wartete die gesamte Verwandtschaft darauf, endlich „im Bilde zu sein". So wurde also fotografiert, wer dessen für würdig erachtet wurde. Und sich dafür erkenntlich zeigte. Immerhin kam ich später doch noch dazu, nachdem der Rausch des Neuen verflogen war, meine geliebten Dampfrösser zu fotografieren. Diese Fotos sind alle in verschiedenen Büchern erschienen. Was nicht gedruckt worden ist, mag für die Nachwelt keinen Verlust bedeuten, denn es ging doch manches daneben, wenn man auf dem „Anstand" wartete.

Unvermindert aber beschäftigte mich das Bildersammeln. Nun gab es, wie erwähnt, zunächst nur die „Ich-komme-Fotos". Zu den schönen Bildern des Deutschen Lokomotivbildarchivs in Darmstadt fand ich erst später Zugang. So wurde denn aus den Zeitungen, Illustrierten und sonstigen Druckerzeugnissen ausgeschnitten, was das Zeug hielt, und in Kartons gesammelt. Hier muß ich zu meiner Schande gestehen, daß mir selbst größere Broschüren und Bücher nicht heilig waren und selbst der wunderbaren Sondernummer der VDI-Zeitschrift zum 100jährigen Jubiläum der Deutschen Eisenbahnen 1935 ging ich mit der Schere zu Leibe. Alles, alles wurde gesammelt. Manch heute wertvolles Druckerzeugnis wurde damals achtlos beschädigt. Ach, ja, der Mensch ist nun einmal der Sklave seiner Leidenschaften.

Dieser Lose-Bildersammlung folgte der Wunsch nach einer gewissen Ordnung. Ordnung schafft man durch Aufkleben auf Papier oder Karton. Doch die hierfür neu entwickelte Begeisterung stieß erneut an Grenzen. Es war gar nicht leicht, das erforderliche Papier zu beschaffen. Da mußten die Schulhefte aushelfen. Oftmals war die letzte Seite leer geblieben. Also heraus damit und mit einem Bild beklebt.

Zum Aufkleben verwendete man damals sogenanntes Gummi arabicum, ein zähflüssiger Klebstoff in kleinen Fläschchen, der sich dadurch auszeichnete, daß er nicht nur an den Händen, sondern auch an Tisch und sonstigen Unterlagen seine Spuren hinterließ. Wurde er längere Zeit nicht benutzt, so war der Korken festgeklebt und ließ sich selbst mit List und Tücke nicht herausziehen. Ein weiterer Nachteil ergab sich, daß dieser Klebstoff, wie man sagt, „durchschlug", also nicht nur auf das Papier, sondern auch auf das Foto selbst in Gestalt eines häßlichen braunen Fleckes wirkte. Indes schritt auch damals die Technik voran. In den dreißiger Jahren erschienen die ersten synthetischen Klebstoffe, das sogenannte Synthetikon, ein früher Vorläufer des heutigen Uhu-Allesklebers. Das war erst recht ein Teufelszeug, das beim Kleben lange Fäden zog, die man nur schwer von den Händen wieder loskriegte, dafür aber noch so manch ungewollten Gegenstand in die Operation mit einbezog. Ich glaube, mit mir zusammen hat die ganze damalige Fotoklebewelt aufgeatmet, als die weiße Klebepaste unter der Bezeichnung Pelikanol herauskam. Nun erst waren alle Gefahren beseitigt, man konnte nach Herzenslust kleben. Ein angenehmer Nebeneffekt kam hinzu, die Fotos ließen sich auch wieder abweichen, wenn man sie anders einordnen wollte.

Damit war also ein Zustand außerschulischer Vollbeschäftigung erreicht. Mein größter Schatz war die im Jahre 1932 in der Berliner Illustrierten veröffentlichte Frontansicht der neu gebauten Lok 04 001. Ich hatte die ganze Zeitung beim Augenarzt, wo sie im Wartezimmer auslag, „geklaut" als Beweis dafür, zu welch krimineller Energie eine solche Sammelleidenschaft führt.

Jedoch wenn ich mich heute frage, wo sind sie denn eigentlich geblieben, jene alten Klebestudien? Dahin, dahin, kaum eine hat die Zeitläufte überstanden. Dabei hatte doch die Sammelei zu einer weiteren Verbesserung geführt. Die Bilder mußten aufbewahrt werden. Also wurde das ohnehin bescheidene Taschengeld durch den Kauf eines Leitz-Ordners im Format DIN A 5 strapaziert. Ei, war ich stolz auf diese Errungenschaft! So konnte ich mich in den letzten zwanziger und den frühen dreißiger Jahren stolzer Besitzer eines Schatzes von einem wilden Sammelsurium von allen möglichen Eisenbahnbildern nennen. Ach, es war eine glückliche Zeit!

Insofern ist die Bezeichnung, die diesem Kapitel voransteht, treffend gewählt: Meine Klebeperiode. Es ist ja bekannt, daß berühmte Maler nach Perioden klassifiziert werden, je nachdem wie sich ihre Bilder durch blaue, grüne oder rote Farbenfülle auszeichneten. Heute schreibt man tiefschürfende Abhandlungen über

Das ist eines jener alten „Ich-komme-Fotos" aus dem Jahr 1930. Der Text wurde abgeschnitten, die Aufnahme zeigt die Lok 38 281 vor einem Zug irgendwo in Sachsen.

solches Tun. Über meine Klebewerke wird allerdings die Nachwelt das Mäntelchen verständnisvoller Nächstenliebe decken.

Um diese Zeit des ersten Fotoapparates erweiterten sich meine Kenntnisse bedeutend. Ich lernte die einzelnen Loktypen nach Bauart und Funktion zu unterscheiden. Die alte Reichsbahn hatte es ihren Freunden leichtgemacht, indem sie an jedes Führerhaus ein sogenanntes Gattungszeichen angeschraubt hatte. Die älteren Leser werden es noch kennen: P 35.17 als Beispiel, mit einem Strich und einem Dreieck darüber. Das sollte damals die Klassifizierung der Maschinen erleichtern. Dem Schöpfer dieser kleinen Tafel schwebte vor, dem Betriebsdienst einen Anhalt zu bieten, welche Loktype einen bestimmten Zug zu befördern hatte. So schrieb man im Buchfahrplan nicht etwa 38.10, sondern 35.17 als Zuglok vor. Dieser Gedanke, der an sich gar nicht schlecht war, hat sich allerdings nie recht durchgesetzt. Die kleinen Schildchen sind nach dem Zweiten Weltkrieg entfallen, kaum jemand hat sie vermißt.

Doch an ihnen konnte man nun endlich den Verwendungszweck einer Lok deutlich ablesen. P stand für Personenzuglok, S für Schnellzuglok und so weiter. Der Wissensstand des jungen Eisenbahnenthusiasten erfuhr dadurch einen kräftigen Schub nach vorn. Zum rechten Augenblick bekam er auch noch „Das Buch von der Eisenbahn" geschenkt. Da stand alles drin, was man als Laie wissen mußte. Vielleicht interessiert es in diesem Zusammenhang, daß in diesem schönen Buch nicht die neue 01 von 1926 im Vordergrund stand, sondern vielmehr die nachgebaute 18.5 von 1930, für den Verfasser offenbar immer noch die allermodernste Lokomotive.

So ist diese Klebeperiode in der Rückschau angefüllt mit Erfahrungen und Erkenntnissen, die für das ganze Leben bestimmend wurden und von denen der alte Eisenbahnfreund noch heute zehrt. Über allem aber schwebt das Adieu nicht nur der Dampflok, vielmehr dieser ganzen Zeit des kleinen bescheidenen Glücks eines jungen aufgeschlossenen Menschen.

Ja und dann? Dann kam die Zeit – sagen wir einmal – der Aufklärung, als dem Eisenbahnnarren allmählich die letzten Geheimnisse der Reichsbahn-Lokomotiven offenbar wurden. Die häufigen Gänge zu jener die Bahnanlagen überspannenden Brücke, die Besuche im Hauptbahnhof oder bei der Kleinbahn, aber darüber habe ich bereits so viel berichtet, daß dem nichts hinzuzufügen bleibt. Die Bilder der frühen Jahre haben sich verflüchtigt. Geblieben sind die Fotos des Deutschen Lokomotivbildarchivs Darmstadt und natürlich die eigenen, die später mit einer modernen Kamera aufgenommen wurden. Doch wie lange ist das alles her? Schon gar nicht mehr wahr, pflegt der Volksmund zu sagen, wenn von langen Zeitläufen die Rede ist. Es war eine Zeit, die allerdings an Vollkommenheit durch die ständigen Belästigungen seitens der Schule getrübt wurde. Es hieß, lange Aufsätze über Dinge schreiben, die so ganz und gar nicht interessierten. Was hätte man mit dieser schönen Zeit alles beginnen können? Immerhin, ich habe auch das gepackt. Als ich im März 1938 das Abitur ablegte, warteten bereits neue Ärgernisse auf mich. Weniger durch das Studium, vielmehr durch den Staat, der absolut einen Helden aus mir machen wollte.

Nun, es ist weder das eine noch das andere gelungen. Auf den Wahnwitz des Krieges folgte der real existierende Sozialismus im Osten. Nun, das Schicksal hatte einen Neuanfang für mich vorgesehen.

Die Dampfzeit ist längst dahin, dahin mit all ihren Stars. Es mag spät sein, ihnen einen Nachruf zu widmen. Ich habe es über all die Jahre hinweg bereits getan. So soll dieses Buch jenen Titel aus dem Jahr 1960 noch einmal aufnehmen, allerdings als einen letzten Abschiedsgruß: Adieu geliebte Dampflok – – –!

Geliebte Dampflok

Es gibt nur wenige Maschinen, die in solch erstaunlichem Maße den Beschauer beeindruckt haben wie die Dampflokomotive. Wo auch immer man ihr begegnet, niemand kann sich der Faszination ihrer Erscheinung entziehen. Seit den Tagen unserer Kindheit stehen wir mit einer gewissen Ehrfurcht vor ihr. Unsere Phantasie hat vielerlei Vergleich entstehen lassen. Der des feurigen Rosses ist am meisten verbreitet. Dieser Nimbus des Allgewaltigen geht sogar auf die Lokomotivmannschaften über, die als „Rosselenker", als „Beherrscher des eisernen Pferdes" uns schon immer wie mit einem Glorienschein umgeben erschienen.

Es ist aber auch ein Erlebnis ganz eigener Art, wenn man – vielleicht sogar unvermutet – bei der Wanderung auf eine Bahnstrecke trifft. Selbst der nüchternste Mensch wird seine Blicke suchend nach beiden Seiten des Schienenstranges richten und in einem Zipfelchen seines Herzens auf eine Begegnung mit einem Zuge hoffen. Das Fluidum, das von der Lokomotive ausgeht, hat sich dem gesamten Bahnbetrieb mitgeteilt. Während wir am Wegübergang stehen, geht in der Ferne wie von Geisterhand bewegt der Flügel eines Signalmastes in die Höhe. Bewirkt er nicht eine winzige Beschleunigung unseres Herzschlages? Durchrieselt uns nicht ein schwaches Fünkchen froher Erwartung, und der Gedanke klingt wie stiller Jubel: Wir werden das Erlebnis eines vorbeifahrenden Zuges genießen!

Merkwürdig, wir wissen aus Erfahrung genau, wie sich die Vorbeifahrt eines Zuges abspielt – warum packt sie uns immer wieder von neuem? Wir halten Ausschau, unser Blick schweift in die Ferne, ob etwa schon ein kleines Dampfwölkchen zu sehen ist. Freundlich klingt das Läutewerk am Häuschen des Schrankenwärters in unseren Ohren, der Glockenschlag, mit welchem der Zug dem Wärter gemeldet wird. Voller Spannung harren wir auf das Erscheinen des Schrankenpostens, auf die Betätigung der Handkurbel und das bimmelnde Niedergehen der Schranken.

All dieses Geschehen wirkt im Grunde als eine liebevolle Dekoration der Schaubühne Eisenbahn, mehr noch als Vorspiel, als

Rahmenhandlung, die den Auftritt des Hauptdarstellers, der Lokomotive, vorbereiten soll, der dann endlich – mit stürmischem Applaus begrüßt – erscheint. Aber der Auftritt ist in jedem Falle sehenswert. Das erste Zu-Gesicht-Bekommen wird vom Dröhnen der rollenden Räder, vom Schall des Auspuffes begleitet. Nach den schnellen oder langsamen Folgen der Auspuffschläge können wir bereits auf die Geschwindigkeit des Fahrzeuges schließen. Das Arbeitsgeräusch der Maschine wird stärker und stärker, es kommt näher und näher – unwillkürlich treten wir einen Schritt zurück, eine Reflexhandlung, der wir uns kaum bewußt werden. Dann bricht es mit elementarer Wucht über uns herein, gleich, ob es sich um eine Fahrt in der Ebene oder auf der Steigung handelt, ob es ein vorbeifliegender Wirbel blitzender Treibstangen ist, deren Bewegungen wir ob der großen Schnelligkeit im einzelnen nicht zu verfolgen vermögen, oder ob es sich um das schwere Arbeitsgeräusch der in voller Kraftanstrengung vorbeizitternden Maschine handelt, um knirschende Räder, die auf den Schienen dahermahlen, donnernde Auspuffschläge, riesige Dampf- und Rauchpilze, eine Sinfonie entfesselter und doch gebändigter Naturkräfte, Triumphgesang menschlicher Kunstfertigkeit.

Welch eine Erfindung ist hier dem Menschen gelungen! Es gibt nichts, was der Dampflokomotive gleicht. Wie ist sie packend, bezwingend, bezaubernd, einmalig in ihrer Eindrucksgewalt, in ihrer so sichtbaren Verkörperung entfesselter Maschinenkraft.

Was ist es im Grunde, was so viele von uns immer wieder zur Dampflokomotive hinzieht, selbst heute noch, wo die verbliebenen Reste nur Schatten ihrer selbst sind, nur noch Schemen gewesenen Glanzes und dahingeschiedener Herrlichkeit?

Zwei Gründe mögen es sein, die in gewisser Hinsicht verstandesmäßig erklären, warum die Dampflokomotive seit ihrem Erscheinen mit einer so großen Zahl Freunde umgeben ist. Warum sie darüber hinaus auch auf den unbeteiligten Zuschauer eine nicht zu leugnende Wirkung, je nach Gefühl in positiver oder in negativer Weise, ausübt.

In jedem von uns sind noch eine Anzahl Reflexe aus der Urzeit des Menschengeschlechtes vorhanden. Dazu gehört unser Verhältnis zu den vier klassischen Elementen der Alten, Feuer, Wasser, Luft und Erde. Wo auch immer wir diesen Elementen begegnen, immer klingen dumpfe und dunkle Ahnungen des Zentralhirns an aus einer Zeit, als der Mensch machtlos und verloren der Wirkung dieser Naturkräfte ausgeliefert war. Denken wir doch daran, wie über Jahrtausende das Schmiedefeuer sozusagen Inbegriff der Bezwingung des Elementes Feuer gewesen ist. Bei der Dampfmaschine wird nun nicht nur das Zusammenwirken der Elemente Feuer und Wasser sichtbar, mehr noch, sie ist gleichzeitig Symbol für die Bändigung, für die Zähmung und Dienstbarmachung dieser Naturgewalten. Die Dampfmaschine ist aus der technischen Nutzung der in der Natur vorhandenen Kräfte und Energien entstanden. Sie schließt die Unterwerfung der Naturkräfte, der Naturelemente ab, ist dadurch gleichzeitig Endstadium einer vieltausendjährigen Entwicklung, aber auch Übergang zu einer neuen Entwicklungsstufe, zur Nutzung von Energien, die es in der Natur nicht gibt, wie es der elektrische Strom ist, der erst erzeugt werden muß. Das Große und eben auch die große Wende ist, daß wir mittels der Dampfkraft in der Lage waren, neue, bessere, wirkungsvollere Energien zu erzeugen. All diese Reflexe, Ahnungen, Gefühle und dumpfen Regungen werden wie in keinem anderen Maße durch die Erscheinung der Dampflokomotive geweckt.

Aber es ist noch ein zweiter Grund, der uns bei der Betrachtung der Lokomotive erschauern läßt. Auch hier spielt die Tiefenpsychologie eine Rolle. Die Dampflokomotive ist in einer Weise technisch ausgebildet, daß sie den Anschein des Lebens erweckt. Bei keiner ähnlichen Maschine haben wir eine derartige Erscheinung zu verzeichnen. Zweifellos ist auch ein modernes Düsenflugzeug von überwältigender Eindruckskraft – aber es lebt nicht, so wenig wie etwa ein Schweißbrenner lebt. Anders, ganz anders die Dampflokomotive. Die Pumpen vermitteln den Eindruck des Herzschlages, der aus den Zylinderhähnen strömende Dampf deutet auf die große Kraftanspannung hin, der Auspuff läßt diese Kraft, diese Anstrengung besonders deutlich werden und erinnert an das eigene Schnaufen und Stöhnen bei schwerer Arbeit. Alles an der Lokomotive atmet Leben; der aus mancherlei kleinen Undichtigkeiten entweichende Dampf unterstreicht dies noch. Diese optischen Eindrücke verändern sich im Verhältnis zur Leistung und fördern unsere Anteilnahme im Unterbewußtsein in besonderer Weise. Wir erleben die Worte des Dichters mit:

Da liegt das zwanzigmeterlange Tier
Die Dampfmaschine
Auf blankgeschliffener Schiene
Voll heißer Wut und sprungbereiter Gier,
Da lauert, liegt das langgestreckte Eisenbiest – –

So sahen die ganz alten Lokomotiven aus: 1 A 1-Lok „Kufstein", Klasse A V, von 1854 der Bayerischen Staatsbahn. Der unförmige Schornstein weist auf Torffeuerung hin. (Foto Krauss-Maffei)

Die Lokomotive wird gespeist, sie verlangt Nahrung, ohne die sie nicht arbeiten kann, sie schäumt über, sie geifert, sie schwitzt, sie brodelt – haben wir nicht den Eindruck, als ob sie nach großer Anstrengung vor Schweiß glänze? Sie strömt Wärme aus, hat ihren eigenen Geruch, das Öl brutzelt auf den heißen Kolbenstangen, und das Triebwerk vermittelt in erhöhtem Maße den Eindruck des Gehens, des Arbeitens, des Ziehens. Was Wunder, wenn diese Maschine auf das unverbildete Kind eine noch größere Wirkung ausübt als auf den Erwachsenen, der sich heute an vielerlei optische und akustische Reize gewöhnt hat, dessen Sinnes- und Denkweise oft genug in andere Bahnen gelenkt wird, so daß ihm die Lokomotive nur noch wenig zu sagen hat. Das Erstaunliche ist, daß die Freunde der Dampflokomotive mit deren Ausscheiden aus dem technischen Erscheinungsbild der Gegenwart in keiner Weise abgenommen haben. Im Gegenteil, fast will es uns scheinen, als sei der Kreis ihrer Verehrer nie so groß gewesen.

Mancherlei Deutungen für diese späte Liebe mögen richtig sein. Greifen wir eine heraus, weil sie in ihrer Tragik so bezeichnend für die Gegenwart ist.

Wir suchen in unserem Zeitalter der Angst, der Unsicherheit, der Sorge vor dem, was wird, mehr denn je Halt und Trost in der Vergangenheit, in der sogenannten „guten alten Zeit". Wir wissen, daß es in der Vergangenheit kein Auto, kein Fernsehen, keinen

Mixer gegeben hat, daß man uns aber Erstrebenswertes voraus hatte: Ruhe, Zeit, Gelassenheit. Zweifellos wüteten die Naturgewalten grausam, es gab Hungersnöte, Seuchen, Krankheiten. Aber was bedeutet das schon gegenüber der ständigen Furcht vor einer ungewissen, vom Atomtod bedrohten Zukunft? Die Dampflokomotive ist nun eines der wenigen Zeugnisse jener schon sagenhaften Zeit, die uns heute wie ein verlorenes Paradies erscheint. Denn Übles wird schnell vergessen. Ist das einer der Gründe, warum die Liebe zur Dampflokomotive nicht erlischt? Warum erst eine Generation heranwachsen muß, die sie nicht mehr kennt? Jahre werden noch vergehen, bis der Kreis ihrer Freunde kleiner und kleiner wird. Gewiß, es wird eine Zeit kommen, da man sich zurufen wird: Welch altmodische, umständliche Maschine? Aber wer wird das schon sagen? Automatenmenschen mit verkümmerten Gehwerkzeugen, lebende Roboter, Inkarnationen Orwellscher Ahnungen?

Es kann uns letztlich gleichgültig sein.

Noch leben wir dem Heute, noch fahren unsere Dampflokomotiven auf den Schienen der Erde. Gewiß, ihre Zahl ist arg zusammengeschmolzen, sie ist kleiner geworden. „Morituri te salutant!" rufen sie uns zu. Sie weichen der Zeit, sie weichen dem menschlichen Fortschrittswillen. Es ist gut so, daß die Zeit nicht stehenbliebt. Die Dampflokomotive hat die ihr von der Geschichte zugewiesene Aufgabe erfüllt, mehr, als wir von ihren Beherrschern sagen können. Deshalb wollen wir ihr ein kleines Denkmal setzen und noch einmal ihr Lied singen. Es soll kein Grabgesang sein, nein, ein Liebeslied. Wir wollen die Dinge auch einmal anders sehen. Nicht Schwärmerei soll uns leiten, nein, vergessen wir nicht, daß die Dampflokomotive eine entscheidende kulturelle Aufgabe erfüllt und wie keine andere Maschine zum Segen für uns alle gewirkt hat. Vielleicht macht ein jeder von uns den Fehler, in der Technik etwas Abstraktes zu sehen; gerade mancher Techniker leistet dieser Auffassung Vorschub. Zitieren wir aber einmal Aristoteles, der vor mehr als zweitausend Jahren bereits sehr reale Forderungen an die Technik stellte: Wenn ein Instrument auf einen empfangenen Befehl hin arbeiten könnte, wenn die Weberschiffchen allein weben würden, wenn der Bogen allein die Zither streichen würde, dann würden sich die Unternehmer der Knechte und die Herren der Sklaven begeben.

Sind diese Forderungen nicht erfüllt? Wir sollten an der humanitären Sendung der Technik nicht vorübergehen. Die Lokomotive hat ein gerüttelt Maß zu dieser Sendung beigetragen. Die Technik hat die Sklaverei einfach unnötig gemacht – erinnern wir uns an die Galeerensklaven vor Erfindung der Dampfmaschine, erinnern wir uns, daß die Besserung der Lebensbedingungen der Menschen mehr eine Folge der technischen Entwicklung als der Philosophie ist. Durch ethische Forderungen hat sich kaum jemand überzeugen lassen, wohl aber durch reale technische Vorgänge. Die wissenschaftlich geführte Technik hat die Realisierung vieler anderer humaner Ideen in weitem Umfang gebracht. Ihre Möglichkeiten führten darüber hinaus zur Aufstellung und Erfüllung neuer Forderungen von hohem menschlichen Ethos. Die Technik wirkt dank ihrer Möglichkeiten, in humanem Geiste mit humaner Verantwortung geführt, kulturschaffend. Die Massenproduktion von Verbrauchsgütern macht das technisch Erreichbare für das Leben einer möglichst großen Anzahl von Menschen zur Gestaltung eines menschenwerten, menschenwürdigen sicheren Lebens nutzbar. Wenn wir heute im Gefolge der Technik gewisse Verfallserscheinungen in der Gesellschaft beobachten, wenn das Stadium der Angst noch nicht überwunden ist, wenn der Weg, den wir einstmals nehmen werden, mehr als je im dunkeln liegt, dann ist daran nicht die Technik schuld, sondern unser eigenes Unvermögen, das Errungene zu unserem Nutzen anzuwenden. Der Technisierungsprozeß ist zu schnell vor sich gegangen und hat unsere moralischen Kräfte überstiegen.

Dessenungeachtet können wir voller Stolz behaupten, daß in der humanitären Sendung der Technik die Lokomotive ihre Aufgabe in jedem Fall voll erfüllt hat. Sie hat dazu beigetragen, Raum und Zeit zu überwinden, die Völker einander näherzubringen, den engen Horizont der Erdenbewohner zu erweitern. Sie hat geholfen, den Hunger, diesen schrecklichsten aller Feinde zu bannen. Unser ganzes Hoffen richtet sich auf die Maschinen der Zukunft, die auch einstmals das Kriegführen sinnlos werden lassen.

Lassen wir daher auf diesen Seiten die Dampflokomotive noch einmal in altem Glanz und alter Herrlichkeit erstehen, unsere schwarze, rußige, dampfende Schönheit. Wir verneigen uns gleichzeitig vor den Männern, deren Geist sie schuf und bringen ihnen diese Blätter als Huldigung dar. Wie könnte das besser zum Ausdruck kommen, als mit den Worten des englischen Kulturhistorikers Henry Buckle: Die Lokomotive hat mehr getan, die Menschen zu vereinen, als alle Philosophen, Dichter und Propheten vor ihr seit Anbeginn der Welt!

Wie weit ist doch der Weg von jenem winzigen Lokomotivchen, das im Jahre 1835 unter der stolzen Bezeichnung „Der Adler" seinen Weg von Nürnberg nach Fürth machte und den Eisenbahnverkehr in Deutschland eröffnete, bis zu den mächtigen Dampfmaschinen der letzten Jahre, zu unseren Giganten auf Schienen. Welche Fülle von Ereignissen, Entwicklungsstufen und geistiger Leistung in positivem wie in negativem Sinne liegt dazwischen? Bedenken wir, in welch roher und ungehobelter Form das Nürnberger Dampfwägelchen die neue Erfindung repräsentierte, so erkennen wir erst recht, welche grandiose Entwicklung nicht nur das Fahrzeug, sondern auch sämtliche Einzelteile genommen haben. Es ist nicht nur die allgemeine Entwicklung, mehr noch die Summe der Einzelerfindungen, die auch den technisch unbelasteten Beschauer überrascht. Zeigte der „Adler" die Dampfmaschine noch in ihrer primitivsten Form – Wasser wird in einem von Röhren durchzogenen Kessel erhitzt, der sich bildende Dampf wird an der höchsten Stelle des Kessels, dem sogenannten Dom, gesammelt, strömt durch ein Rohr in die Dampfzylinder, wird durch einen von der Radumdrehung beeinflußten Steuermechanismus abwechselnd vor oder hinter den im Zylinder arbeitenden Kolben geleitet, den er zu hin- und hergehender Bewegung veranlaßt, der sich über Kurbel- und Treibstangen auf die Räder überträgt – so sind demgegenüber unsere heutigen Maschinen geradezu überzüchtet. Doppelte Dampfdehnung, Dampfüberhitzung, Speisewasservorwärmung, Triebwerksteilung, Verbrennungskammern, das sind alles Ausdrücke aus dem zwanzigsten Jahrhundert, die dem kleinen Lokomotivchen von 1835 unbekannt waren. Eine Zusammenstellung, wie sie in diesem Band versucht wird, verleitet natürlich dazu, die Lokomotivgeschichte einmal in anderem Zusammenhang zu betrachten und den Besonderheiten dieses Kapitels der Technik nachzuspüren. Gibt es überhaupt so etwas wie eine deutsche Lokomotivgeschichte? Ist die Lokomotive nicht gerade auf Grund ihrer Entstehung ein internationales Fahrzeug? Und wenn wir schon in nationalem Zusammenhang die Dinge überdenken wollen, gibt es da nicht eher eine preußische, bayerische, württembergische oder sächsische Lokomotivgeschichte? So wie auch in anderen Ländern die Bahnen ihren eigenen Gesetzen und Erfordernissen gefolgt sind? Allein die Tatsache, daß man bei der historischen Umreißung des Gebietes versucht wird, diese Frage zu stellen, zeigt, wie schwierig es ist, geschichtliche Vorgänge mit einem Mindestmaß von Objek-

tivität zu betrachten. So wenig es in der großen Politik gelingt, ein leidenschaftsloses, allgemein gültiges Geschichtsbild zu erarbeiten, so wenig lassen sich in der Geschichte der Technik die subjektiven Momente ausschalten. Und auch hier klafft ein großer Unterschied beispielsweise zwischen der Geschichte der Fördermaschine im Bergbau, einem Apparat, den man seiner Zweckbestimmung entsprechend ausschließlich technisch betrachten wird, und etwa der der Lokomotive, die – im Blickpunkt der Öffentlichkeit stehend – schon vom Auftraggeber her national belastet ist, je nach dem, welche Bahn sie bestellt und welches Unternehmen sie geliefert hat. Persönliche Ressentiments, ein wenig gut deutsche Sentimentalität und ein nicht zu unterschätzender Lokalpatriotismus, das sind die Maßstäbe, mit denen selbst heute noch, wo wir am Ende dieses großen historischen Kapitels stehen, die Vergangenheit gemessen wird. Und der Versuch, die Dinge nüchtern zu betrachten, wird oft verkannt, weil gerade hier das Gefühl eine große Rolle spielt und über die Lokomotive schon vom kleinen Buben – die dort taugt etwas und jene zieht rein gar nichts – ein Werturteil gefällt wird.

Die Entwicklung der Lokomotive in Deutschland setzt um das Jahr 1841 ein, als Borsig, Keßler und Maffei ihre Erstlinge auf die

Über Jahrzehnte beherrschten die 1 B-gekuppelten Lokomotiven das Bild der deutschen Eisenbahnen. Hier eine preußische P3.1 in mecklenburgischen Diensten und noch auf DR-Nummer 347351 umgezeichnet.

Schienen stellen. Die vorangegangenen früheren Versuche sind über ein vorsichtiges Tasten nicht hinausgekommen. Aber auch die ersten „nationalen" Erzeugnisse beschränkten sich auf den Nachbau der aus dem Ausland angekauften Maschinen. England ist der Lieferant der ersten deutschen Lokomotive, des erwähnten „Adlers" gewesen, mit dem im Jahre 1835 die Nürnberg-Fürther Eisenbahn eröffnet wurde. England blieb auch weiterhin Hauptlieferant, mußte allerdings alsbald die amerikanische Konkurrenz hinnehmen, schon frühzeitig tauchten geschäftstüchtige Vertreter der amerikanischen Unternehmen Baldwin und Norris auf dem Kontinent auf und priesen ihre Erzeugnisse an, denen damals wie heute der Ruf besonderer Leistungsfähigkeit voranging.

Amerika hatte eine wesentliche Neuerung eingeführt, das Drehgestell, zunächst besserer Lastverteilung, dann leichterem Krümmungslauf dienend. Stammt also aus England die 1 A-, 1 A1- und 1 B-, später auch C-Achsfolge (zur Bezeichnung der Achsanordnung einer Lokomotive bedient man sich für Laufachsen Ziffern und für Kuppelachsen großer Buchstaben), so wurde mit den aus Amerika gekauften Maschinen die 2 A- und 2 B- Lokomotive eingeführt. Eine deutsche Verwaltung, die Württembergische Staatsbahn, betrieb die beiden ersten Jahrzehnte ihr Bahnnetz ausschließlich mit 2 B-Amerikanerlokomotiven, die – in der heimischen Eßlinger Fabrik gebaut – sich nicht so sehr durch ihre Leistung, als vielmehr durch ihre guten Laufeigenschaften und ihr gefälliges Äußere von den Maschinen anderer Bahnen unterschieden. Stephenson selbst hatte die „Langkessel"-Maschine entwikkelt, eine leistungsfähige Bauart mit großem Kessel, der aber zwecks Vermeidens zu großen Achsstandes vorn und hinten überhing und deshalb oft zu unliebsamen Nickschwingungen führte. Diese Langkessel-Bauart war bis zum Ende des Jahrhunderts für den Lokomotivbau maßgebend.

Aber wir wollen uns nicht in Einzelheiten verlieren. Es handelt sich darum, uns einen Überblick über die deutsche Entwicklung zu verschaffen.

Nun, zunächst ging es langsam voran. Schwacher Oberbau und mäßige Zuglasten ließen das Bedürfnis nach Leistungssteigerung erst allmählich wachsen. Wir dürfen bei der Betrachtung der drei ersten Jahrzehnte Eisenbahngeschichte nicht übersehen, daß damals nicht die Lokomotiventwicklung im Vordergrund stand, sondern ganz allgemein der Bau neuer Eisenbahnstrecken. Es ging darum, das Land mit einem Netz mannigfaltigster Verkehrsverbindungen zu überziehen. Mit dem Neubau von Bahnstrecken war zunächst keine Steigerung der Zuglasten verbunden, es handelte sich ja nur um eine mengenmäßige, keine qualitative Zunahme. Erst als die Bahnnetze im wesentlichen komplett waren, als die Wirtschaft begann, sich der vielfältigen neuen Möglichkeiten dieses Verkehrsmittels zu bedienen, setzte der große Aufschwung ein, letzterer wiederum Hand in Hand mit der großen Industrialisierungswelle, die den Aufstieg Deutschlands zur industriellen Weltmacht brachte. Wiesen die Lokomotiven der ersten dreißig, vierzig Jahre nur wenige Abweichungen auf, es sei denn, wir denken an die erwähnte Amerikanerlokomotive oder an den besonders in Bayern und Baden verbreiteten Außenrahmen – aus England mit dem Maffeischen Konstrukteur Hall übernommen –, so begann nach 1890 der enorme Aufschwung, der uns noch heute fasziniert und um den letzten Endes das kreist, was wir an der deutschen Lokomotivgeschichte für unvergessen halten.

Doppelte Dampfdehnung, 1876 durch Mallet erfunden, Vierzylinder-Verbund-Maschine, 1884 das Werk de Glehns, und die Dampfüberhitzung, der deutsche Beitrag zur Lokomotivenentwicklung der Jahrhundertwende, das sind die Stationen einer Entwicklung, die in wenigen Jahren das Blatt vollkommen wendete.

Welch einer Fülle geistiger Leistung hat es bedurft, um die Lokomotive zu einem brauchbaren, tüchtigen Fahrzeug zu machen! Unsere deutschen Ingenieure haben einen beachtlichen Beitrag geleistet. Denken wir auch einmal an die alten Lokomotivbauer, an jene Pioniere, bei denen Begeisterung und zähe Energie so manches Fachwissen ersetzen mußten. Was wir an ihnen heute in erster Linie bewundern, ist der unternehmerische Mut, die Lust am Wagnis, die sie bewog, trotz aller Schwierigkeiten selbst Lokomotiven zu bauen: Keßler, Maffei, Borsig, Hartmann, Wöhlert, Schwartzkopff, Egestorff, Krauss und wie sie alle heißen. Es ist eine illustre Gesellschaft, die bei der Geburt der deutschen Lokomotive Pate gestanden hat.

Es gab noch eine weitere Schwierigkeit, an die wir meist nicht denken. Der Mut allein, eine Lokomotive zu bauen, reichte nicht aus, es bedurfte der Entwicklung sämtlicher Hilfsapparate, der Werkzeugmaschinen, der gesamten Werkstattausrüstung, es bedurfte des Entstehens der Zulieferindustrie, der Walzwerke, der Eisenhütten! Endlos läßt sich dieser Gedanke fortspinnen.

Um die Jahrhundertwende tritt eine neue Generation von Lokomotivingenieuren in Erscheinung, deren Wirken eng mit dem

1908 machten die Renner der preußischen Gattung S 9 von sich reden. Sie waren ideal geeignet für die langen Flachlandstrecken wie Hannover – Berlin oder Berlin – Königsberg. (Foto: Wolff)

großen Aufblühen und der Endphase der Entwicklung verbunden ist: von Borries, Helmholtz, Schmidt, Garbe, Hammel, Metzeltin. Den Fähigkeiten dieser Männer ist es vorwiegend zu danken, daß es nach 1890 mit Riesenschritten aufwärts ging, so schnell, daß in der Zeit zwischen 1906 und 1914 bereits der Gipfelpunkt erreicht wurde. Zwei Jahrzehnte genügten, um aus der niedrigen, geduckt und gedrückt wirkenden Lokomotive eine stolze, hochbeinige und kraftvolle Schönheit werden zu lassen. Noch heute gültige Konstruktionen schlossen die Entwicklung ab. Die preußische S 9, die S 4 als erste Heißdampflokomotive, die bayerische S 2/6 und S 3/6, die preußische P 8, S 10_1, G 8_1 und württembergische K, das sind Höhepunkte der Dampflokomotivzeit, denen sich später die Einheitslokomotiven anschlossen und in den Mitteldrucklokomotiven, den Schnellfahrlokomotiven der Baureihe 05 und schließlich der 19 1001 ihre besonderen Akzente erhielten. Eine ähnliche Entwicklung hat später nur das Flugzeug durchgemacht, das innerhalb von zwanzig Jahren von der schwerfälligen und langsamen Passagiermaschine zum Überschallprojektil geworden ist.

Dennoch zeigt uns gerade die Beobachtung dieses letzten Stadiums, wie ein innerer Zusammenhang, eine folgerichtige Zwangsläufigkeit, wie sehr in Deutschland der große, alles umspannende Rahmen gefehlt hat, wie vielmehr einzelne Bauarten sprunghaft entstanden sind und sang- und klanglos verschwanden, wie wertvollstes Gedankengut – denken wir nur an die vierzylindrigen de Glehn-Lokomotiven – in Deutschland zunächst auf Ablehnung stießen. Wie doch im Grunde die landsmannschaftliche Zerrissenheit auch im Lokomotivbau sichtbar wurde, wo Garbe gegen Borries, die Bayern gegen die Preußen, die Badener gegen die Schwaben und alle zusammen wiederum gegen die Elsässer zu Felde zogen, die über die Lokomotivfabrik Grafenstaden französisches Ideengut in den deutschen Lokomotivbau brachten. So ist die deutsche Lokomotivgeschichte ein getreuliches Spiegelbild altdeutschen Partikularismus, und es ist schwer, hier wirklich leidenschaftslos die Dinge zu betrachten.

Während in Süddeutschland der Staatsbahngedanke frühzeitig Fuß gefaßt hatte und alsbald die bayerische, württembergische, badische und sächsische Staatsbahn entstanden, wurden die norddeutschen Privatbahnen erst durch die Bismarckschen Verstaatlichungen in den achtziger Jahren zu dem großen Komplex der Preußischen Staatsbahn zusammengefaßt. Es ist ganz klar, daß damit ein sehr leistungsfähiges Bahnunternehmen entstand, das trotz der vielbekannten preußischen Sparsamkeit in der Lage war, dem Lokomotivbau bedeutende Impulse zu geben. Selbstverständlich sind alle Bahnen immer schon die „melkende Kuh" für das Staatsbudget gewesen – damals lieferten die Eisenbahnen noch Gewinne! –, sie waren es in weit größerem Maße für die süddeutschen Staaten als für das an Hilfsquellen reichere Preußen. So sehen wir heute wohl in Süddeutschland die großen Konstruktionen des Hauses Maffei oder der Maschinenfabrik Eßlingen, beobachten die schnelle Entwicklung der Vierzylinder-Verbundmaschine und die bestechende Gestaltungskraft eines Anton Hammel, und vergessen dabei, daß der Fahrzeugpark dortzulande allgemein überalterte und buchstäblich verkam. Denn diese zwar vielgerühmten und zukunftsweisenden Konstruktionen waren ja Einzelerscheinungen! Was gab es denn in Süddeutschland vor der bayerischen S 3/6 und der württembergischen C oder der badischen IV f? Die S 3/6 wurde doch mit großem Zögern, einzelstückweise gebaut, belastet mit zahlreichen Änderungswünschen, so daß es von ihr zuletzt ein Dutzend Unterbauarten gab! Nein, die Entwicklung hat sich seit den neunziger Jahren, als v. Borries in Preußen die S 3 und P 4 herausbrachte, in Wahrheit doch weit mehr zugunsten des Nordens verschoben, als mancher es gern wahrhaben möchte. So ist auch der Maschinenpark der früheren Preußischen Staatsbahn späterhin das Rückgrat der 1920 gegründeten Deutschen Reichsbahn geworden, welche die Nachfolge der ehemaligen Länderbahnen, zu denen um 1870 noch die Oldenburgische Staatsbahn und die Mecklenburgische Friedrich-Franz-Eisenbahn gekommen waren, antrat, Fast ist man versucht zu sagen: Er war es bis in die Gegenwart hinein.

Von Preußen ging auch der große Impuls der Lokomotivgeschichte dieses Jahrhunderts aus, die Einführung der Dampfüberhitzung, die ohne Förderung durch Geheimrat Müller vom preußischen Ministerium für öffentliche Arbeiten und den fanatischen Berliner Beschaffungsdezernenten Garbe kaum so schnell zum Zuge gekommen wäre. Mögen wir heute über den alten Polterkopf Garbe lächeln, mag man seine unschönen Lokomotivbauarten verurteilen – aber sie fahren heute noch! Wir kommen nicht umhin, ihm zu bezeugen, daß er die vielleicht größte Leistung in der neueren Lokomotivgeschichte vollbracht hat, denn die Dampfüberhitzung bedeutet nun einmal den letzten Schritt zur Vollendung der Dampflokomotive.

Garbesches Gedankengut leitet auch zur letzten Entwicklungsstufe, zu den Einheitslokomotiven nach 1925 über, die nun allerdings unbestritten ein Kapitel gesamtdeutscher Lokomotivgeschichte bilden. Bei ihnen mag man die Abkehr vom Vierzylinder-Verbund-Triebwerk bedauern, das sich seit der Jahrhundertwende auch in Deutschland steigender Beliebtheit erfreut hatte. Unbestritten ist, daß die Einheitslokomotiven leistungsfähige und wirtschaftliche Maschinen waren, wohl in der Lage, das Rückgrat eines künftigen Lokomotivparks zu bilden. Ihnen schließen sich die beiden Kriegslokomotiv-Bauarten an, zumindest zahlenmäßig schon ein Kapitel für sich. Im Übergang von der zweiten (BR 42) zur nicht ausgeführten dritten Kriegslokomotive liegt allerdings eine Entwicklung begraben, die in der Lage gewesen wäre, dem deutschen Lokomotivbau eine völlig neue Wende zu geben.

Der Krieg hat alle Pläne zerstört, die Entwicklung der Dampflokomotive bricht ab, ein letzter Höhepunkt fehlt auf den deutschen Bahnen, von einzelnen schönen Nachkriegserfolgen abgesehen. Neue Traktionsarten kamen auf, und im Grunde sind die Jahre seit 1925 ein Torso geblieben, ein Torso wie die deutsche Lokomotivgeschichte insgesamt, die trotz vieler und schöner Einzelleistungen dennoch der großen Linie entbehrt, die man vielleicht auch gar nicht erwarten konnte. Dazu ist die Technik in zu großem Umfang eigenen Entwicklungsgesetzen unterworfen, und es erscheint letzten Endes müßig, ein Verkehrsmittel wie die Lokomotive unter nationalem Aspekt zu betrachten. Widmen wir daher der großen Dampflokzeit vor dem Zweiten Weltkrieg noch einige Worte.

Die Dampflokomotive war im Jahre 1914, als der Erste Weltkrieg ausbrach, vollendet. Es gab an ihr nichts Wesentliches mehr zu erfinden. Wohl brachten die folgenden Jahre eine Verfeinerung mit sich, wie es zwangsläufig bei jedem technischen Gerät der Fall ist, im Grunde sind wir aber auf dem damaligen Stand stehen geblieben. Die Maschinen dieser Jahre liefen bereits 150 Stundenkilometer, auch die Zuglasten haben sich nicht mehr geändert. Wissenschaftlich gesehen, fanden damals die Gesetze der Thermik des Dampfes und der Mechanik die letzte Verfeinerung, auf denen später Kernphysik und Elektrizitätslehre weiter aufbauen konnten. Schon der Eisenbahnbetrieb der Jahre 1910–1914 hatte ein Maß an Vollkommenheit erreicht, wie wir es uns heute kaum mehr vorstellen können. Wir sind so leicht geneigt, über jene alten Zeiten die Nase zu rümpfen. Mit dem Wort „modern" verbindet sich zwangsläufig die Vorstellung von groß und gut. Die Leistungen unserer Vorväter werden zu Unrecht vergessen.

In der Zeit von 1934 bis 1938 erlebte der Eisenbahnverkehr mit Dampfmaschinen eine weitere Blüte, der letzte große Glanz der Dampflokomotive überhaupt. Das war, als die Schnelltriebwagen aufkamen und als Folge auch die Zugläufe vieler normaler Reisezüge verkürzt und beschleunigt wurden. Damals bewältigten mit Dampflokomotiven bespannte Fernschnellzüge Fahrzeiten, wie sie heute nur auf elektrifizierten Strecken erreicht werden. Das ist der Grund, weshalb wir meinen, mit dem Gedanken an jene Jahre Abschied von der Dampflokomotive nehmen zu sollen.

Es mutet sagenhaft an, wenn wir hören, daß die Lokomotiven der Baureihe 05, die nach 1945 alle noch im Einsatz standen, aber in keiner Weise hervortraten, vor dem Kriege auf der Strecke Berlin-Hamburg regulär Geschwindigkeiten von 150 bis 160 km/h fuhren. Zeiten von 120 bis 130 km/h waren bereits seit Anfang der dreißiger Jahre keine Besonderheit, und es waren nicht nur die Lokomotiven der Einheitsbaureihen 01 und 03, auf welche diese Geschwindigkeiten beschränkt gewesen wären, auch die ehemaligen Länderbahnlokomotiven ließen an Leistungsfähigkeit nichts zu wünschen übrig. Selbst der Güterzugdienst holte in jenen Jahren sehr auf, wenn auch in puncto Geschwindigkeit nicht in dem Maße wie der Reiseverkehr. Die Zahl der „Rennstrecken" im deutschen Eisenbahnnetz war beträchtlich, der Oberbau – eine der wichtigsten Voraussetzungen – befand sich in bestem Zustand. Die

Strecke Berlin – Hamburg lag an der Spitze mit schnellen Zügen. Ähnliche hohe Geschwindigkeiten wurden zwischen Berlin und Hannover – Hamm gefahren. Bekannt ist die Rennstrecke der preußischen Ostbahn zwischen Küstrin und Schneidemühl, wo Geschwindigkeiten von 140 km/h gefahren wurden. Auf der schnellen Strecke Berlin – Halle lag bereits im Jahre 1914 der Reisedurchschnitt des schnellsten Zuges bei 88,7 km/h. Denken wir weiterhin an den Einsatz des Henschel-Wegmann-Zuges auf der Strecke Berlin-Dresden, von der Lok 61 001 gezogen. Wenn man die Eisenbahnkarte betrachtet, entdeckt man viele Strecken, wo sich der Zugverkehr in großartiger Weise entfaltet hatte, bis das große Inferno allem ein Ende bereitete.

Die Zeit des Dampfes, die Zeit der Dampflokomotive ist nun endgültig vorüber.

Was wir heute erleben, ist das letzte Aufflackern, ist die letzte Regung eines auf den Tod Darniederliegenden, der bereits von den Schatten des großen Vergehens gekennzeichnet ist. Der Tag kommt – das ist so gewiß wie das Erwachen des Morgens nach der Finsternis der Nacht –, an welchem die letzte Schaufel Kohle auf den Rost in die Feuerbüchse geworfen wird, an welchem zum letzten Male das weiße Wölkchen des Auspuffstoßes zum Himmel stiebt, an welchem zum letzten Male hin- und hergleitende Kolben gewaltige Treibräder in Drehung versetzen. Sollen wir dessen traurig sein?

Alles fließt, nichts bleibt, sagt Heraklit. Alles ist dem Wandel unterworfen, das Leben wechselt beständig seine Erscheinungsformen. Eine neue Welt liegt vor uns, eine Welt der Elektronik, der Automatisierung, eine Welt aus Chrom und Glas, aus Beton und Kunststoff, eine Welt des Atoms und der Gestirne, gänzlich verschieden von der vergangenen, ach, viel zu verschieden.

Auch diese neue Welt wird neue Schönheit bringen. Man wird eines Tages nicht mehr wissen, was das war: Dampflokomotive. Man wird nicht mehr nachempfinden können, wie gewaltig der Umbruch war, wie riesengroß der Wandel, dem wir unterlegen sind. Tausende von Jahren galten die vier klassischen Elemente als die Grundlage aller Erkenntnis: Feuer, Wasser, Luft und Erde. Mit der Dampfmaschine wurden diese Elemente endgültig bezwungen und in den Dienst des Menschen gestellt. Sie – vorher gefürchtet – wurden nun zu Freunden. Mit ihrer Hilfe hat der Mensch sich selbst zu einer nie geahnten Vollkommemheit entwickelt. Die Tür in eine neue Welt steht aufgeschlagen.

Erinnerung an die Jahre 1940 – 43, als in Halle (Saale) bis zu sieben Maschinen der Baureihe 01.10 mit Stromschalenumkleidung stationiert waren. Die neu aufgebaute Lok 011102 erinnert bei einem Besuch in der Saalestadt an die alten glorreichen Zeiten; Aufnahme April 1997. (Foto Nagel)

Nun liegt das Alte in Scherben, weggeworfen, unbeachtet, ausgedient. Die letzte Vollkommenheit, die Dampfmaschine, ist schon Geschichte geworden. Geblieben ist die Erinnerung. Sie wird so lange bleiben, als es eine Generation gibt, die sich noch an die Dampfmaschine, an die Dampflokomotive erinnern kann. Viele unserer Jungen von heute, die in der Dampflokomotive noch das letzte Überbleibsel der alten Technik erleben, werden ihrer gedenken. Aber auch über sie wird die Zeit hinwegeilen. Alles fließt, nichts bleibt.

Wir leben in einer harten Welt ohne Romantik, ohne Illusion, in einer Welt des Verdienens, des Lebensstandards, des Amüsements und der Rekorde. Die Erinnerung ist das einzige Paradies, aus dem wir nicht vertrieben werden können! Diese Worte prägte vor mehr als hundert Jahren Jean Paul. Und deshalb sind wir glücklich, manchmal das Paradies der Erinnerung betreten zu dürfen. Ist das nicht eine große Gnade, die uns erwiesen wird?

Es ist ein Paradies mit einem leichten Anflug von Wehmut. Wieviel Lokomotivtypen, wie viele Lokomotiv-„Persönlichkeiten" sind uns begegnet? Wie weit spannt sich der Bogen! Von der alten preußischen S 3 mit ihrem wasserspeienden Auspuff bis zur gewaltigen 05, von der T 3 bis zur 66er, einzigartiges Crescendo in der Sinfonie des Eisenbahnwesens.

Wir denken an Führerstände, sehen uns vor riesigen Treibrädern stehen, wir erblicken die Lokomotivmänner, in Dampf, in Feuerschein gehüllt, wir sehen die Toten auferstehen, dahingegangene, verblichene Gestalten, alte Recken des Schienenstrangs, Maschinisten, die uns eine Welt bedeuteten. Wir denken an die harten, festen Fäuste, aber auch an die klaren, ruhigen Augen, an die Sicherheit, an das Vertrauen, an die Zuversicht dieser Männer. Welch ein männlicher Beruf ist der des Dampflokführers gewesen!

Oder wir denken an die Pilgerfahrten, die wir einst zu den großen Bahnbetriebswerken antraten. Waren diese nicht das Mekka für uns Eisenbahnfreunde? War nicht der große Ringschuppen mit seinem Dampf und Qualm, seinem Kohlen- und Öldunst mit der Kaaba zu vergleichen, und winkte nicht vom Stellwerk aus der Muezzin der ausfahrenden S 10^2? Mit welcher Andacht haben wir einst die rußgeschwärzten Hallen angestaunt, oftmals verbotenerweise, damals, als die Eisenbahn noch mit der Obrigkeit identisch war. Die alten klangvollen Namen verblassen. Wer weiß heute noch, welchen Ruf sie einst besaßen: Grunewald und Karlshorst, Hannover und Altona, Osnabrück und Bebra, Köln Bbf und Deutzerfeld, Frankfurt 1 und 2 und Würzburg, Erfurt P und G und Halle P und G, Dresden Altstadt und Friedrichstadt, Nürnberg, München und Stuttgart Hbf, Ulm und Offenburg oder gar Schneidemühl, Königsberg und Kandrzin, Namen über Namen, jeder einzelne Symbol für die mitreißende Dynamik, für die vielschichtige Gestalt des großen Erlebnisses Eisenbahn.

Manchmal klingt es noch im Ohr, das Singen der Kohlenaufzüge, das Prasseln der in den Tender polternden Brocken, das Rauschen des Wasserkranes, das Hämmern und Pochen, Werken, Zischen, Brummen und Fauchen. So fließt alles aus dem noch gestern Erlebten in die Vergangenheit.

Keine falsche Sentimentalität. Die Zeit schreitet weiter. Neue Eindrücke tauchen auf und weisen uns den Weg in die Zukunft. Lassen wir die Schatten der Vergangenheit ruhen und zitieren an dieser Stelle ein Wort George Bernard Shaws:

Alle wirklich vernünftigen Männer stimmen darin überein, daß es am klügsten ist, in unserer Anhänglichkeit an das Alte nicht zu bigott zu sein, andererseits das Neue nicht übereilt und unpraktisch aufzunehmen, sondern das Beste aus beiden Offenbarungen herauszuschlagen.

Auf dem Führerstand

Zu den immer wieder mit Begeisterung verfolgten Vorgängen des Eisenbahnbetriebes gehörte der Maschinenwechsel auf einem großen Knotenbahnhof. Der Aktionsradius einer Dampflokomotive bekam durch die mitgeführten Vorräte an Wasser und Kohle eine natürliche Begrenzung. Während eine elektrische Lokomotive von Hamburg bis München vor dem Zug bleiben könnte, mußte die Dampfmaschine auf der gleichen Strecke zweimal gewechselt werden.

Der Eilzug Glatz – Görlitz – Berlin hat eben Görlitz erreicht. Die Lok, die den Zug bis hierher geführt hat, ist abgekuppelt worden und hat den Bahnhof in Richtung Lokomotivschuppen verlassen. Die neue Maschine, die den Zug bis Berlin übernehmen soll, stand schon längere Zeit auf dem Wartegleis bereit. Es ist die Lok 17 222 vom Bw Cottbus. Fleißige Männer haben sie auf Hochglanz geputzt. Die Mannschaft trat schon vor einer Stunde ihren Dienst an, um die Lok noch einmal gründlich durchzusehen, zu ölen und vor allem, um Dampf zu machen, auf daß der E 176 – um diesen handelt es sich – pünktlich seine Fahrt fortsetzen kann.

Nicht selten wohnten einige Reisende diesem Schauspiel bei, man benutzte den Aufenthalt gern, um sich ein wenig die Beine zu vertreten; besonders die jugendlichen Fahrgäste zeigten sich seit jeher dafür interessiert, oft gemeinsam mit den Vätern, wobei noch nicht bewiesen ist, wer mit größerer Neugierde das Geschehen belauscht hat. So mancher Zuschauer mag den Wunsch verspürt haben, einmal auf dem Allerheiligsten, auf dem Führerstand der Maschine, zu stehen und dann selbst Dampf zu geben, um die lange Wagenreihe in Bewegung zu setzen. Leider machten strenge Vorschriften diesen Wunsch so gut wie unerfüllbar. So möge denn wenigstens ein „textlicher Blick" in das Innere eines Führerstandes die Verwirklichung jenes Jugendtraumes vorgaukeln.

Verweilen wir noch ein wenig bei der 17 222 vor dem E 176. Wie wäre es, lieber Freund der alten Dampfbahn, wollen wir uns ein Herz fassen und kurz entschlossen den Führerstand besteigen? Der biedere Lokführer wird zwar kopfschüttelnd brummen, weil er

Bremsprobe beendet! Der E 178, Glatz – Waldenburg-Dittersbach – Görlitz – Berlin wird in wenigen Augenblicken den Bahnhof Görlitz verlassen. Aufnahme 1936. (Foto Friedrich)

soviel Narretei gar nicht begreift, dann aber doch gute Miene zum unerwarteten Spiel machen. Und nun schauen wir ihm einfach über die Schulter, was er so alles tut.

Der Heizer wirft noch ein paar Schaufeln Kohle auf, schwarzer Qualm quillt aus dem Schornstein, mißbilligend schaut der Führer danach, denn in Bahnhöfen ist das Qualmen verboten. Der Zeiger des Manometers steht am roten Strich, er weist also den höchstzulässigen Dampfdruck von 14 Atmosphären auf. Die Sicherheitsventile oben auf dem Kessel säuseln bereits, der Heizer hat die Feuertür offengelassen: die eindringende kühlere Luft soll die Dampferzeugung ein wenig bremsen, damit nicht in letzter Minute die Ventile mit großem Lärm abblasen.

Vorhin, als die 17 222 auf dem Wartegleis stand, hat der Meister die Zylinder bereits vorgewärmt. Das geschieht dadurch, daß er bei festgebremster Lok den Regler – jenen großen Handhebel an der Kesselrückwand – ein wenig öffnet und etwas Dampf in die Zylinder strömen läßt, dabei die Steuerung ein paarmal durchdreht und natürlich die Zylinderhähne aufmacht, auf daß Dampf und Kondenswasser entweichen können. Auf diese Weise wird allzu großer Kondensation vorgebeugt, wenn der Dampf beim Anfahren in die kalten Zylinder einströmt.

Nun kann es also losgehen. Der Heizer hat dem Meister bereits zugerufen: „Ausfahrt steht!" Womit er meint, daß das Ausfahrtsignal freie Fahrt anzeigt. Mit einem „Jooh!" hat dieser geantwortet und sogleich die Bremse gelöst. Dann kurbelt er am großen Steuerungshandrad die Dampfsteuerung ganz nach vorn, das bedeutet, daß mit voller Zylinderfüllung angefahren wird. Schon pfeift es draußen, der Aufsichtsbeamte hat die „Kelle" erhoben, „Abfahrt!" ruft der Heizer, der den Bahnsteig beobachtet hat, denn er befindet sich auf der linken Seite.

Jetzt beginnt für den Lokführer ein Augenblick größter Aufmerksamkeit. Er drückt mit kräftiger Hand den Regler nach links, Dampf rauscht auf, gleichzeitig öffnet er mittels eines Anstellhebels die Zylinderentwässerungsventile, auf daß der in die Zylinder strömende Dampf die letzten Reste Kondenswasser hinausbläst – es könnte sonst die Zylinderwände zersprengen –, und stellt schließlich auch noch den Sandstreuer an, damit die Räder beim Anfahren besser greifen und nicht schleudern. Sein Blick hängt am Manometer für den Schieberkastendruck. Mit gewaltiger Kraft drückt der Dampf gegen die Kolben in den Zylindern, die Maschine stemmt sich gegen den Zughaken am Tender, die Kupplungen spannen sich auf das äußerste. Es heißt jetzt, den Anfahrwiderstand zu überwinden und diese schwere, träge Masse Zug in Bewegung zu setzen. Das geht um so leichter, je lockerer die Kupplungen sind. Bei langen Güterzügen dürfen sie deshalb nie ganz fest angespannt sein.

Mit einem donnernden Krach tobt die erste Auspuffdampfwolke aus dem Schornstein. Vorsichtshalber zieht jetzt der Meister den Regler wieder ein Stück ein, auf daß die großen Räder infolge des hohen Dampfdruckes nicht ins Schleudern geraten, das heißt, auf der Stelle durchdrehen. Lok 17 222 ist da etwas empfindlich. Aber der feine Sand, der vor die Räder rieselt, tut seine Schuldigkeit, nichts dergleichen geschieht.

Nein, die 17 222 zieht tadellos an, sie ist eine Dreizylindermaschine, mit gleichmäßigem Drehmoment bringt sie den E 176 in Gang. Das Bahnsteigende gleitet außen vorbei, nun kurbelt der Lokführer die Steuerung auf 50% Füllung zurück, jetzt wird die natürliche Dampfdehnung wirksam, die Zylinder brauchen nicht mehr voll gefüllt zu werden. Dann öffnet er erneut den Regler, stellt den Sandstreuer ab, sobald die ersten Weichen kommen, und schaut aus dem Fenster, ob der Zug auch ordnungsgemäß folgt und nicht etwa ein Wagen im Bahnhof stehengeblieben ist.

Tschuwuwu – tschuwuwu – tschuwuwu – tschuwuwu – brüllt die Maschine jetzt mit aller Kraft im Sechsachteltakt aus dem Schornstein. Schon dampft der E 176 in das Bahnhofsvorfeld hinaus. Der Heizer schaufelt Kohlen ins Feuerloch, damit der Kesseldruck nicht nachläßt. Die Strecke verläuft eben, der Meister kann die Geschwindigkeit deshalb allein durch Verringerung der Füllung steigern, und als er bei 30% angekommen ist, da weist auch die Nadel des Geschwindigkeitsmessers bereits auf 100 km/h – die Fahrt nimmt ihren Lauf wie Tausende andere zu jeder Tages- und Nachtzeit damals in der ganzen Welt.

Was wäre das Kapitel vom Führerstand ohne die „Maschinenmänner"? Die wir immer so sehr bewundert und – beneidet haben, wenn sie hoch oben aus dem Führerstand herausschauten! Was für biedere, kernige, zuverlässige, brave Gestalten standen dort am Regler, wie viele sonderbare Käuze gab es darunter, wie viele fröhliche Menschen, aber auch wie manchen mißlaunigen, grimmigen Gesellen, der seinem Heizer das Leben sauer gemacht hat. Trotz Republik und Sozialismus blieb die klassenlose Gesellschaft auch damals ein Traum, der Lokomotivführer war eine Persönlichkeit, der man ihren Wert schon äußerlich ansah. Weißer Kragen, Krawatte, Weste, goldene oder wenigstens vergoldete Uhrkette, das gehörte zu den Standessymbolen jener Zeit, die ja noch im alten Kaiserreich wurzelte. Das ging so weit, daß in Sachsen sogar der Heizer in Schlips und Kragen mit der Kohlenschaufel hantierte, sofern er die Anwartschaft besaß, dermaleinst von der linken auf die rechte Seite des Führerstandes wechseln zu dürfen. Ein solcher Heizer stand eine ganze Kaste höher als der „Nur-Feuermann", der mangels ausreichender Schulkenntnisse dazu verurteilt war, sein Leben lang die Schaufel zu schwingen. Verblüffend ist, daß es auf diesem Gebiet keinen Unterschied zwischen den Mannschaften des Reisezug- und Güterzugdienstes gab. In dem Maße jedoch, wie der Kraftwagen seinen Siegeszug antrat und der Auto-Chauffeur zu Rang und Stand avancierte, begann der Stern des Lokführers zu verblassen, erst recht, als das Ausscheiden der Dampflok feststand.

Ein wenig anrüchig ist allerdings, besonders in Preußen, seit der Jahrhundertwende das System der Nachwuchsausbildung geworden. Lokführer und Heizer waren Berufe, die überwiegend soge-

Rechte Seite: Führerstand in Berlin Anhalter Bahnhof 1934. Die hallische 03 078 hat soeben den Schnellzug nach München übernommen, den sie in Halle an eine 18.5 übergeben wird.

Deutsche Reichsbahn
03 078

nannten „Militäranwärtern" vorbehalten blieben, meist den längerdienenden Freiwilligen der Marine, die sich im Maschinenraum eines Torpedobootes oder Linienschiffes der kaiserlichen Flotte die Anwartschaft auf einen „Versorgungsschein" erworben hatten. Abgesehen von der Fürsorgepflicht des Staates seinen Soldaten gegenüber, gegen die nichts einzuwenden ist, geriet leider das zivile Element ins Hintertreffen. Die „Zivilanwärter", zahlenmäßig ohnehin in der Minderzahl, galten als Maschinisten zweiter Klasse. Wurde damit auf der einen Seite das Ethos soldatischer Pflichterfüllung zwangsläufig auf den Maschinistenstand übertragen, so blieben leider in fachlicher Hinsicht hie und da Lücken bestehen. Nun, die Zeit ist längst über jene Probleme hinweggeschritten. Unvergessen geblieben sind jene Originale, deren Aussprüche noch heute die Runde am Stammtisch der Pensionäre machen. Einer von vielen war Vater Brade aus Dresden, der die Schnellfahrlok 61 001 fuhr, dessen Bonmots noch heute erzählt werden: „Die Preiß'n sind mit der Garre wieder nich eenig geworden, nu missen wir uns dermit rumärchern!"

Wie habe ich als Jüngling in meiner Heimatstadt jene bärtigen Recken bewundert, wenn die 18 449 aus dem Schuppen dampfte und danach mit knallhartem Auspuff vor dem FD 79 nach Berlin stampfte. Oder wenn die 39 161, deren Nummernschild ich heute besitze, mit ihrem „tschötschsch" vor dem Personenzug nach Saalfeld abdampfte. Wie gemütlich ging es damals noch auf dem Führerstand zu. So manche Bratwurst wurde bei offener Feuertür am Spieß „gegrillt", so mancher Schabernack wurde unter den „Schwarzen" ausgeheckt.

Zu den Besonderheiten des Führerstandes gehört auch der ewige Krieg zwischen Maschinisten und Betriebspersonal. Eijeijei – was haben die sich schon alles an den Kopf geworfen – nicht nur in Worten! Mancher Batzen Putzwolle ist, von kräftiger Maschinistenhand geschleudert, am Haupt eines „Stellwerksfritzen" gelandet, der den Schleuderer des Projektils einen Bierkutscher, einen Mistfahrer und seine Lok einen alten Gurkenhobel geheißen hatte. Vom Standpunkt der Lokmänner aus gab es unter den „Drahtziehern" auf dem Stellwerk nur Idioten, Simpel oder – heimatlich gesprochen – Klapsmänner. Fügen wir noch die Titulatur eines hallischen Lokführers für seinen Stellwerkskollegen hinzu, als er auf seiner 03 im 40-km/h-Tempo dahinrollte und dieser ihm das Schild „Langsamer fahren" vor die Nase hielt: „Matzbläke!"

Der berühmte „Rollwagen", ehemals sächsische Klasse XII H2, wurde 1930 fotografiert. Man beachte die adrette Kleidung der Mannschaft mit Schlips und Kragen. (Sammlung Otte)

Der Lokführerdienst vor hundert Jahren galt als ein besonders hartes Brot. Schlimmes tat sich während der fünfziger und sechziger Jahre des vergangenen Jahrhunderts. Sie zählen zu den bösesten in der Eisenbahngeschichte überhaupt. Es existierten bereits zahlreiche Bahnstrecken, laufend entstanden neue, an Vollbeschäftigung im Eisenbahnbau hat es nicht gefehlt. Trotzdem dürfen wir uns nicht täuschen lassen. Die Industrialisierung steckte noch in den Kinderschuhen, vielerorts gab es sie noch gar nicht, denken wir nur an die landwirtschaftlich genutzten Gebiete des deutschen Ostens. Der Bevölkerungsüberschuß war groß, die jungen Männer drängten in die Stadt, in die Fabriken. Wer einen Posten als Maschinist oder Feuermann einnahm, mußte höllisch aufpassen, daß er ihn auch behielt, besonders während der damals viel häufigeren „Krisenjahre". Der Bahnverwaltung standen billige Ersatzkräfte jederzeit zur Verfügung. Sie scherte sich keinen Deut um das Wohlergehen ihrer Beamten. Führerhäuser galten als teurer Luxus: der Maschinist stand bei Hitze, Regen, Sturm und Schnee auf der offenen Plattform, und das immerhin bei 60 km/h Geschwindigkeit! Was Wunder, wenn die Männer schwere Schäden davontrugen, wenn Frühinvalidität an der Tagesordnung war. Es gab noch keine allgemeine Sozialversicherung, keine öffentliche Krankenkasse, erst 1869 entstanden die Gewerkschaften. Im Anstellungsvertrag mußte sich der Eisenbahner verpflichten, selbst „einen Notgroschen für die alten Tage" zurückzulegen. Der einzelne Arbeitnehmer blieb der Willkür der privaten Unternehmer ausgeliefert.

Sie war alles andere als gut, die „gute alte Zeit", von Romantik konnte damals jedenfalls keine Rede sein. Unfälle standen auf der Tagesordnung, Arbeitsschutzbestimmungen gab es nicht, viele brave Bremser sind in Ausübung ihres Dienstes verunglückt. Noch zu Beginn unseres glorreichen Jahrhunderts zögerte man, dem Lokführer eine Sitzgelegenheit und einen Vorhang als Abschluß des Führerhauses nach hinten zu gewähren. Das mindere die Aufmerksamkeit und verweichliche, argumentierte die Verwaltung, während jene offenbar durch langes Stehen und kalten Fahrtwind gefördert wurde. Die Zeit schreitet weiter, das Interesse an den Lokführern, Heizern und Schaffnern der Berlin-Stettiner, der Rechten-Oderufer-, der Kgl. Saarbrücker Eisenbahn oder der Württembergischen Staatsbahn ist längst erloschen. Unsere Sinne sind abgestumpft, unsere Herzen sind träge geworden.

Der ernsthafte und nachdenkliche Leser wird mir allerdings entgegenhalten: Was hieß das denn schon, wenn Lokführer Oskar Schneidereit von der Preußischen Ostbahn auf seinem „Spinnrad" durch die Tucheler Heide dampfte, im Vergleich zu den Leistungen und Entbehrungen, welche die Eisenbahner im letzten Krieg, insbesondere an der Ostfront, auf sich nehmen mußten? Nun, es bleibt sich gleich, ob man bei 30 Grad Kälte auf offenem Führerstand über den Marienburger Werder dampft oder bei der gleichen Temperatur einen Güterzug von Orscha nach Minsk führt. Oskar Schneidereit besaß lediglich ein warmes Zuhause in Schneidemühl, während die Männer aus Orscha irgendwo in einer windigen Baracke kampieren mußten.

Auch das Heldentum der Eisenbahner in den beiden Kriegen, insbesondere der Lokführer auf dem Führerstand, ist vergessen, niemand spricht mehr von ihnen. Ob der letzte Krieg imperialistisch, faschistisch, verbrecherisch oder sonstwie verwerflich war – wer ist denn je gefragt worden, ob er ihn mitmachen wollte oder nicht?! Die Eisenbahner bestimmt nicht, denen hat man einfach einen alten „Russenofen" in die Hand gedrückt – die Apparate der Klasse 0 besaßen noch nicht einmal Bremsen – und ihnen gesagt: Seht zu, wie ihr damit fertig werdet. Dort steht ein Zug, bringt ihn nach Smolensk oder Witebsk. Und dann begann die Fahrt, im Schneesturm, bei grimmiger Kälte, in mangelhafter Kleidung, unter ständiger Furcht vor Partisanen. Oft genug blieb die Fuhre unterwegs liegen, oder eine Mine brachte die Lok zum Entgleisen – nein, lassen wir dieses Kapitel Führerstand auf sich beruhen. Es gibt so viel Häßliches im Leben, daß wir uns in diesem Buch auf das wenige Schöne beschränken wollen. Es wird so schon immer spärlicher; die Torheit der Menschen sorgt dafür, daß die Hoffnung auf das Paradies abermals auf unbestimmte Zeit verschoben worden ist.

Zu den kleinen Freuden unserer Eisenbahnbegeisterung gehörte unbedingt jener feierliche Augenblick, da wir selbst zum erstenmal den Führerstand einer Lokomotive betreten durften. Es muß nicht immer gleich ein Aufenthalt auf dem „Allerheiligsten" sein. Wie oft bin ich im ersten Wagen hinter der Lok gefahren, wenn kein Packwagen dazwischen stand und man, besonders bei den preußischen D-Zug-Wagen, durch die Fenster der Verbindungstür auf den dahinjagenden Tender blicken konnte.

Schließen wir deshalb unsere kleine Betrachtung mit einer Fahrt, wie sie beispielhaft für vergangenes Erleben stehen soll, aber auch charakteristisch für die Leistungen der alten Eisenbahn war. Wir schreiben den 6. Juni 1938, ein Pfingstmontag! Der D 9 aus Stuttgart, Abfahrt in Halle um 21.19 Uhr, hat Verspätung. Der Bahnsteig ist vollgepfropft mit Fahrgästen, die alle nach Schluß der Feiertage Berlin erreichen wollen. Die Uhr zeigt bereits 21.25 Uhr. Da zieht langsam mit schwachem Auspuff eine Lok fünf D-Zug-Wagen an den Bahnsteig. Der Auskunftsbeamte hängt ein Schild „Vorzug" an den Richtungsweiser. Ich stehe außerhalb der Halle und muß ebenfalls nach Berlin zurück. Die Lok kommt unmittelbar vor mir zum Halten. Ihre Betriebsnummer versetzt mich in Begeisterung: 17 1141, Bw Berlin-Anh. Bf! Der Lautsprecher schreit im Anschluß an die Zugankündigung die vielsagende Bemerkung über den Bahnsteig: „Achtung, dieser Zug fährt ohne Zwischenaufenthalt, ich wiederhole …!" Ich klettere in den Wagen gleich hinter dem Tender, bleibe auf der Plattform stehen, ein Sitzplatz ist mir gleichgültig: Diese Fahrt muß ich unmittelbar hinter der Lok erleben.

„Kürzeste Fahrzeit einhalten!" höre ich vom Türfenster aus die

Strasbourg 1963; der am Bahnsteig stehende Zug ist mit einer Lok der Reihe 242 TA bespannt. Ein Exemplar dieser Bauart, nämlich die 242 TA-602, stand von 1952 bis 1963 als 79 001 bei der Deutschen Reichsbahn in Dienst.

Aufsicht dem Lokführer zurufen. Der D 9 ist ein wichtiger Anschlußzug für Reisende in Richtung Küstrin und Stettin.

Dann beginnt eine Fahrt, die ich mein ganzes Leben lang nicht vergessen kann. Die Lok 17 1141 braust los, daß es eine Lust ist. Auf meinem Standplatz kann ich mich nicht satt sehen, wieder und wieder hängt der Blick an der Rückwand des immer schneller auf und ab, hin und her tanzenden Tenders, an jenem magischen Nummernschild vor mir, dessen blankgeputzte Messingziffern im Schein der Laternen glänzen. Schneller und schneller wird die Fahrt, Lokomotive und Wagen toben durch die Nacht, schaurig blendet blutrot flackernder Feuerschein in Abständen über den

Kohlenberg des Tenders, die lange schwarze Rauchfahne weht wie ein Baldachin über uns. Alle Signale zeigen Grün. Ohne Halt rasen wir 162 km dahin. Von Zeit zu Zeit schaue ich nach der Zeit, zwischen den Bahnhöfen Blönsdorf und Niedergörsdorf messe ich mit der Taschenuhr 125 Stundenkilometer.

Es war eine berauschende, eine so packende Fahrt, wie ich sie kaum wieder erlebt habe. In 85 Minuten haben wir Berlin erreicht. Ich klettere noch ganz benommen aus meinem Wagen, schlendere an der dampfenden, zischenden Lok 17 1141 vorbei, aus deren Führerhaus die Mannschaft seelenruhig herausschaut. Dann bleibe ich am Bremsprellbock stehen und blicke zurück in das Gewühl der dem Ausgang zustrebenden Reisenden, die achtlos an der Maschine vorübereilen, wie an etwas Selbstverständlichem.

Ja, es war auch selbstverständlich – damals. Heute sind die Leistungen des Dampfes fast vergessen, noch ein paar Jahre weiter, dann glaubt es einem niemand mehr. Wie schnellebig ist doch unsere Welt.

Die 13er

Der Leser hat in diesem Buch bereits die Lok 13 001 entdeckt, für den einen oder anderen vielleicht die erste Begegnung mit der Baureihenbezeichnung 13. Es ist eine alte Tatsache: Sobald kein Anschauungsobjekt mehr vorhanden ist, schwindet die Beziehung zu einer Sache – trotz Nostalgie. Die abgebildete 13 001 ist eine Lokomotive der früheren preußischen Staatsbahn. Wir erinnern uns, daß am 1. 1. 1920 alle früheren Ländereisenbahnen an die neugegründete Deutsche Reichsbahn übergingen und ihre Fahrzeuge seit 1923 in einen vorläufigen, seit 1925 in einen endgültigen einheitlichen Nummernplan eingeordnet wurden. Alle Lokomotiven mit der Achsfolge 2'B, das heißt mit einem vorderen zweiachsigen Drehgestell (2') und zwei Treibachsen (B), erhielten die Baureihenbezeichnung 13. Um Verwechslungen zu vermeiden, erhielt jeder Loktyp, peußischer, sächsischer, württembergischer, oldenburgischer usw. eine eigene Untergruppe innerhalb der Ordnungsziffern. Beispielsweise reihte man die preußischen S 6-Lokomotiven in die Ziffern 13 1001–1286 ein, abgekürzt als 13^{10-12} bezeichnet.

Manche Ordnungsnummern wurden sowohl nach dem Anschluß Österreichs als auch nach Eingliederung der von Polen 1939 annektierten, ehemals aufgrund der Waffenstillstandsbedingungen 1918 abgegebenen Lokomotiven neu besetzt. Mit diesen sogenannten Rückführlokomotiven oder kurzerhand „Rückkehrer" genannten Maschinen machte man 1939 nicht viel Federlesens. Sie wurden einfach – teilweise sogar recht willkürlich – in die 13er-Reihe einsortiert. Unsere 13 001 ist eine Art „Umsiedler" und hätte eigentlich gemäß dem Nummernplan von 1925 in die Gruppe 13 651–850 gehört.

Als 1944 und 1945 die Front immer näher an die Heimat rückte, fuhr man möglichst viele Lokomotiven nach Westen ab, um sie nicht in die Hände der Sowjets fallen zu lassen. Daß man damit seinen Landsleuten in der später russisch besetzten Zone keinen Dienst erwies, konnte damals niemand ahnen. Der nach Kriegsende dort aufgetretene Lokomotivmangel warf Probleme

auf; so manche alte Lok, die auf irgendeinem Abstellgleis vor sich hin rostete, mußte wieder in Betrieb genommen werden und qualmte munter drauf los. Dies geschah auch mit unseren 13ern.

Die preußischen S 5.2-Schnellzuglokomotiven gehörten zu den wirtschaftlichsten und leistungsfähigsten Maschinen des ersten Jahrzehnts. Die 1911 an die Lübeck-Büchener Eisenbahn gelieferte Lok kam 1938 nach Verstaatlichung an die Reichsbahn.

Der heutige Eisenbahnfreund hätte alle Ursache, sich besonders für diese Lokomotiven zu interessieren, denn mit der preußischen S 3 (BR 13^{0}) und ihrer kleinen Schwester, der P 4^{2} (BR 36^{0-4}), setzte das Wirtschaftswunder der Jahrhundertwende ein, das im Ersten Weltkrieg endete. Diese Maschinen waren es, die den hochwertigen Schnellzugverkehr der Zeit um 1900 begründeten und vor allen Zügen, deren Lauf etwas bedeutete, zu finden waren. Alte Fotos weisen aus, daß auch der kaiserliche Hofzug von solchen Lokomotiven geführt wurde. Zahlen mögen einmal die Verhältnisse in Preußen, dem größten Eisenbahnstaat, verdeutlichen. Es gab von der

S 3	gebaut 1892–1904	1027 Stück (DR-Baureihe 13^{0})
S 5^{2}	gebaut 1905–1911	367 Stück (DR-Baureihe 13^{6-8})
S 6	gebaut 1906–1913	584 Stück (DR-Baureihe 13^{10-12})
P 4^{1}	gebaut 1893–1902	424 Stück (DR-Baureihe 36^{70})
P 4^{2}	gebaut 1898–1910	707 Stück (DR-Baureihe 36^{0-4}).

Dazu kamen ähnliche Bauarten der anderen deutschen Länderbahnen, allerdings in viel geringerer Stückzahl. Allein in Nord-, West- und Ostdeutschland liefen mehr als 3100 Reisezuglokomotiven dieses Typs. Das waren genau wie unsere 13 001 sehr beliebte, leichtgängige und einfach zu bedienende Lokomotiven. Und gerade das war es, was die alte Preußische Staatsbahn zu einem zuverlässigen, pünktlichen und wirtschaftlichen Unternehmen gemacht hat.

Um das Kapitel von der 13er recht zu verstehen, müssen wir ein wenig in der Geschichte nachforschen. Unsere 13 001 ist eine Verbundlokomotive, ihre Dampfmaschine arbeitet also mit doppelter Dampfdehnung, wie sie 1876 der Genfer Ingenieur Mallet im Lokomotivbau eingeführt hat. Die alten Lokomotiven der Frühzeit waren Dampfverschwender, man forschte daher nach Wegen größerer Wirtschaftlichkeit. Die vom ortsfesten Dampfmaschinenbau bekannte doppelte Dampfdehnung suchte man sich auch bei der Lokomotive zunutze zu machen. Das Prinzip ist einfach: Der Dampf expandiert zunächst im Hochdruckzylinder etwa bis zu einem Mittelwert, tritt dann durch den sogenannten Verbinder oder Receiver in den größeren Niederdruckzylinder, um hier bis zum Auspuffdruck entspannt zu werden. Das Temperaturgefälle ist hierbei nur halb so groß wie bei der einfachen Dampfdehnung, dementsprechend mindern sich auch die Zylinderverluste. Da aber immer zuerst dem Hochdruckzylinder Dampf zugeführt wird, bereitet das Anfahren Schwierigkeiten, sobald die Kurbel des Hochdruckzylinders gerade auf dem toten Punkt steht. Es gab mannigfaltige Versuche, Anfahrhilfen zu erfinden. Am besten bewährt hat sich das Anfahrventil der *Bauart Dultz*, von Georg Panck 1894 erfunden und dem Gründer der Union-Gießerei, Königsberg, zu Ehren Dultz-Ventil genannt. Ein vom Lokführer betätigter Kolben ermöglicht den Zutritt von Frischdampf in den Niederdruckzylinder. Nach wenigen Radumdrehungen kann die Frischdampfzufuhr geschlossen werden, die Lok arbeitet mit Verbundwirkung. Übrigens liegt der Hochdruckzylinder an der rechten Lokomotivseite.

Die Einsparungen, die mit der Verbundlokomotive erzielt wurden, konnten sich sehen lassen. Sie betrugen je nach Bauart 10 bis 20 Prozent des normalen Dampfverbrauchs für die gleiche Leistung. Das System verlor nach Aufkommen der Dampfüberhitzung an Bedeutung, da Heißdampf weniger leicht abkühlt und auch nicht zur Kondensation neigt.

Größte und stärkste dieser alten Maschinen war die preußische S 6, eine der frühen Heißdampfbauarten, hier 1929 in Belzig aufgenommen. (Foto Sydow)

Wenige Jahre nach der Malletschen Erfindung wurden überall Verbundlokomotiven gebaut. Die von uns erwähnte S 3 entstand im Jahre 1892, die S 5^2 ist nur eine etwas vergrößerte Ausführung dieser S 3.

Von noch größerer Bedeutung zeigt sich eine weitere Entwicklungsstufe. Im Jahre 1890 entstanden in Preußen die ersten vierachsigen Reisezugwagen, also Wagen von 16,7 m Länge und zwei Drehgestellen an den Enden. Diese Wagen besaßen noch Einzelabteile und waren ursprünglich für die Schnellzüge gedacht. Doch bereits ein Jahr später erschien der erste Durchgangswagen, also der bekannte Drehgestellwagen mit Seitengang, geschlossenen Endplattformen und Faltenbalgübergang. Von diesen Durchgangswagen wurde die Zugbezeichnung abgeleitet, nämlich der D-Zug, ein heute noch gültiger Name für schnelle Züge, obgleich bereits seit Jahren alle Züge aus Durchgangswagen zusammengestellt sind. Die vierachsigen Abteilwagen bestimmten über Jahrzehnte (bis etwa 1930, als neue Wagen aufkamen) das Bild der Eil- und der beschleunigten Personenzüge.

Mit den neuen Durchgangswagen wurde alsbald ein erstes Zugpaar ausgestattet, der D 31/D 32, der – ein denkwürdiges

Datum – am 1. Mai 1892 seine Jungfernfahrt auf der Strecke Berlin – Köln über Hildesheim – Altenbeken antrat. Im kommenden Jahr setzte sich bereits die Verbundlokomotive S 3 vor diesen Zug. Damit hatte die Eisenbahn praktisch ihre letzte Entwicklungsstufe erreicht, denn Wagen, Zugpaare, Bezeichnungen, Streckenführung, Bahnhöfe – alles führt auf die Jahre nach 1890 zurück.

Der Zweizylinder-Verbundmaschine folgte die Vierzylinder- oder Doppel-Verbundlokomotive. Die Erfindung der Dampfüberhitzung im Jahre 1898 setzte den Schlußstrich unter die Entwicklung der Dampfmaschine. Doch darüber ist schon mehr als genug geschrieben worden.

Unsere 13er waren Lokomotiven der Achsfolge 2'B, wie bereits erwähnt. Diese Bauart geht auf die sogenannte „Amerikanerlokomotive" zurück. Der Leser wird sich vielleicht erinnern, daß solche Maschinen die ersten Pazifik-Züge durch den Wilden Westen der USA geführt haben. Sie war der verbreitetste Loktyp des vorigen Jahrhunderts in diesem Land, und wer seinen Karl May aufmerksam gelesen hat, der wird wissen, daß es der tüchtige Old Shatterhand mit solchen Maschinen zu tun hatte, wenn er die Railroader wieder einmal vor den „bösen" Indianern warnen mußte. Das Ausland nennt diese Lokomotiven daher auch „American". Erst nach den Besuchen deutscher Ingenieure in den USA kam dieser Loktyp nach Deutschland (von frühen Versuchen abgesehen).

Die letzten dieser Lokomotiven, die 13^{10-12}, vormals preußische S 6 genannt, haben genau wie alle anderen das Jahr 1930 nicht überlebt. Auch von ihnen kamen nach 1939 einige aus Polen an die DR zurück. Das waren die größten, stärksten und schnellsten aller alten 2'B-Loks. Das Verbundsystem mußte der einfachen Dampfdehnung weichen, die Dampfüberhitzung setzte sich durch. Mit 2100 mm Treibraddurchmesser und einer zugelassenen Höchstgeschwindigkeit von 110 km/h sollte die S 6 neue Normen setzen. Doch sie kam bereits zu spät. Seit 1910 in Preußen, in den anderen deutschen Ländern noch viel eher, gab es Schnellzuglokomotiven mit drei gekuppelten Achsen und größerer Zugkraft, so daß diese S 6 auf das norddeutsche Flachland beschränkt blieb. Zwischen 1906 und 1913 gebaut, erreichten manche Loks noch nicht einmal 20 Lebensjahre. Die Polen allerdings konnten sie bis nach 1945 gebrauchen.

Aufgrund der Waffenstillstandsbedingungen des Ersten Weltkrieges kamen an Polen 92 Maschinen S 3, 29 Maschinen $S\,5^2$, 81 Maschinen S 6 und 97 Maschinen $P\,4^2$. Auch Belgien erhielt 42

Lokomotiven S 6. Da die Lokomotiven in Deutschland bis 1930 alle ausgemustert wurden, konnten wir sie erst im Ausland wieder in Betrieb sehen. Mancher Eisenbahnfreund in Wehrmachtsuniform, der 1939 oder später in Belgien der S 6 (und vor allem der S 9) begegnet ist, hat sich wohl vor Staunen nicht fassen können über die Leistungsfähigkeit dieser in der Literatur wenig geschätzten Fahrzeuge. Das gleiche gilt für die polnischen Maschinen.

Während der „Goldenen Zwanziger" standen die S-6-Lokomotiven meist im Personenzugdienst. Nach 1925 wurden sie reihenweise abgestellt, um verschrottet zu werden. Die abgebildete 13 1247 war eine der letzten ihres Stammes. Die nach 1945 bei der DR noch vorhandenen, aus Polen stammenden Preußen wurden 1955/56 als Schrott an Polen zurückgegeben.

Auch die 13er der ehemaligen Sächsischen Staatsbahn überlebten das Jahr 1930 nicht. Sie hatten im Nummernplan die Reihen 13^{15} und, soweit sie vor 1900 gebaut worden waren, die Reihen 13^{70-71} erhalten. Zum Teil sind sie tatsächlich mit den neuen Nummernschildern gefahren. Ihr Ausscheiden ging in Sachsen besonders schnell vor sich, da die preußischen Direktionen infolge ihres Überbestandes seit den zwanziger Jahren zahlreiche Lokomotiven abgaben. So fuhren 1922 preußische S 6 die Schnellzüge Dresden – Prag bis Bodenbach, während Maschinen der BR 58^{10}, ehemals preußische G 12, im Personenzugdienst eingesetzt wurden. Den Bayern ging es ähnlich mit ihrer BR 36^{7}.

Die Zweizylinder-Heißdampf-Württembergerin von 1908 hat bis 1932 beim Bw Friedrichshafen Dienst getan. Das waren die letzten deutschen „Amerikanerlokomotiven". Der eine oder andere unserer „Uralt"-Eisenbahnfreunde wird sie vielleicht noch gekannt haben, wenn sie mit ihrem hohen „Aufbau" den Schussentobel bergauf wackelten und dabei zünftige Blasrohrmusik produzierten. Wie schön, wenn eine von ihnen erhalten geblieben wäre!

Die S 6, BR 13^{10-12}, war die modernste Version ihrer Bauart in Europa. Ausgesprochen eindrucksvoll war es, wenn man vor dieser Maschine mit ihren mächtigen Treibrädern stand. Es sind wohl eben noch die Siebzig- und Achtzigjährigen, die sich an sie zu erinnern vermögen oder sie noch im Betrieb gesehen haben. Dennoch ist es nicht schwer, sich eine S 6 vorzustellen. Ihre Größe entsprach in etwa jener der BR 38^{10-40}, nur eben mit zwei „Riesentreibrädern". Wer sich an eine zügig anfahrende 38er-Lok erinnert, mag sich auch den etwas knallenden Auspuff einer S 6 vorstellen.

Und wer es ganz genau wissen will: Eine S 6 hat in den Jahren 1913/14 fabrikneu 82 752,50 Mark gekostet, ein Spottpreis nach heutigen Begriffen! Zum Vergleich: 1 kg Brot kostete in Berlin 28 Pf, 1 l Milch 23 Pf und 2 kg Kartoffeln 18 Pf. Waren das Zeiten …!

Eine Anmerkung aus dem Betrieb: Den Umfang des Verkehrsaufschwungs um die Jahrhundertwende mag ein Blick in den Fahrplan 1898 näher erläutern. Auf der Strecke Berlin – Hamburg liefen die D-Züge D 4 und D 6 mit S-3-Lokomotiven und fünf bis sechs der neuen Durchgangswagen. Die zwischen Wittenberge und Hamburg planmäßig gefahrene Reisegeschwindigkeit betrug 82,3 km/h. Zehn Jahre später brachte es die S 6 auf 86 km/h. Auch auf den Strecken Stendal – Hannover, Halle – Berlin, Breslau – Sommerfeld wurden über 80 km/h Reisedurchschnitt gefahren. Sie war wohl doch nicht so gemütlich – Ur-Opas Dampfeisenbahn! Leider gab es nach 1939 nur wenig Gelegenheit, spektakuläre Leistungen unserer 13er zu beobachten, es sei denn, man wäre Eisenbahner vor Ort gewesen.

Interessanterweise kann man von allen Verbundbauarten der BR 13 und 36 nur Positives aussagen. Sie gelten heute noch bei den alten Strategen vom Führerstand als beliebte und wirtschaftliche Maschinen. Es hat Jahre gedauert, bis die Lokomotivbaureihe 38^{10-40} (P 8) einen Entwicklungsstand erreicht hatte, der sie zu einer Konkurrenz der 2'B-Loks werden ließ. Aus der Zuverlässigkeit der S 3 und $P4^2$ rührt ja auch die starke Abneigung her, die das Maschinenpersonal anfangs dem Heißdampf entgegenbrachte.

So geistert sie manchmal durch die Träume des Verfassers, die alte S 3, mit ihrem leisen Auspuff und dem fehlenden zweiten Schlag – es puffte ja nur der Niederdruckzylinder! Und die Handhebel und Anstellräder im Führerstand, alles war abgegriffen von Hunderten von schwarzen Fäusten braver Lokführer und Heizer. Aber die S 6! Zwei Meter zehn hohe Treibräder! Wenn die sich in Bewegung setzte …!

Falls es dem Verfasser gelungen sein sollte, mit diesem etwas abseitigen Kapitel das Interesse an der Eisenbahn auf jene Jahre des enormen Aufschwungs im Schienenverkehr zu lenken, so würde es ihn sehr freuen. Noch größer wäre seine Befriedigung, wenn der Leser erkannt haben würde, daß die viel gerühmte und oft genannte „große" Zeit der Dampfzüge nicht mit der BR 01, sondern bereits im Jahre 1892 begonnen hat, mit dem Bau der ersten Exemplare unserer 13er und den allerersten D-Zug-Wagen.

Berlin und seine 17er

Daß Lokomotiven, Wagen, ja, ganze Züge durchaus landschaftsbezogen eingesetzt werden können, ist kein Geheimnis. Das hängt einmal damit zusammen, daß viele Fahrzeuge für spezielle Aufgaben konstruiert worden sind, die sie eben für bestimmte Orte als typisch erscheinen lassen. Zum anderen liegen die Ursachen bei den alten deutschen Länderbahnen. Alle schufen eigene Lokomotivtypen und einen eigenen Wagenpark, der auch nach 1920 überwiegend auf dem Gebiet des betreffenden Landesteils verblieb.

Denken wir an eines der berühmtesten Beispiele: die „schöne Württembergerin" , die Schnellzuglokomotive Klasse C, BR 18^{1}, der ehemaligen Württembergischen Staatsbahn, die so gut wie nie aus ihrem angestammten Einsatzgebiet herausgekommen ist und dem Schwabenland bis Mitte der fünfziger Jahre eine eigene Note im Eisenbahnbetrieb verliehen hat. Oder die bayerische 38^{4}, die sächsischen Lokomotiven, die selten ihre Heimat verließen, genau wie die Badener, die lediglich ihre tüchtige Tenderlokomotive BR $75^{4,10}$ an Mecklenburg verliehen. Der Zweite Weltkrieg hat zwar auch hier vieles nivelliert, im großen und ganzen ist diese landschaftliche Trennung der Fahrzeuge bis in die Gegenwart erhalten geblieben.

Preußen besaß die größte der alten deutschen Staatsbahnen. Wir hörten im vorigen Kapitel bereits davon, in welch großer Stückzahl die preußischen Maschinen vorhanden waren und für einen vorbildlichen, dem Ordnungsprinzip dieses Staates entsprechenden Zugverkehr sorgten. Daß jedoch ein preußischer Schnellzuglokomotivtyp in außergewöhnlicher Weise mit den Geschikken unseres Staates und seiner Hauptstadt verbunden war, das hat sowohl geographische Ursachen – die Konzentration dieser Maschinen auf den Berliner Raum –, legt aber auch Zeugnis ab für die große Leistungsfähigkeit und Wirtschaftlichkeit dieser Lokomotiven, die sie zwanzig Jahre lang zu einer Stütze des Schnellzugverkehrs in Norddeutschland machten. Die Rede ist von den Lokomotiven der ehemals preußischen Lokomotivgattung S 10^{1} oder – wie sie nach 1925 hießen – von der Lokomotivbaureihe 17^{10-12}. Eben nach diesen ist unser Kapitel benannt.

Die 17er – und hierzu rechnet auch die dreizylindrige Variante 17^2 – wurden durch die Gunst, andere mögen es Ungunst nennen, der Umstände zu eigentlich *der* Schnellzuglokomotive Berlins. Diese Konzentration in und um die Reichshauptstadt ließ sie zum Statisten aller Ereignisse der Politik, Gesellschaft und Kultur werden, die sich im Deutschland der zwanziger und dreißiger Jahre abspielten. Wirtschaftlich gab es damals große Schwierigkeiten. Gewiß hatte es nach der Unterzeichnung des Dawes-Planes, der die Begleichung der Kriegsschuld Deutschlands neu regelte und in dessen Gefolge wieder Geld in das nach Einführung der Rentenmark konsolidierte Land floß, einigen Auftrieb gegeben. Aber dann kam der berüchtigte Schwarze Freitag an der New Yorker Börse, der die gesamte Weltwirtschaft in einen Strudel hinabriß. An diesem 25. Oktober 1929 führte der große Kurssturz zur Katastrophe, 1931 erreichte die danach ausgebrochene Weltwirtschaftskrise ihren Höhepunkt. Die Österreichische Creditanstalt und in Deutschland die Darmstädter und Nationalbank mußten ihre Zahlungen einstellen. Die Zahl der Arbeitslosen stieg 1932 in Deutschland auf 6 Millionen, in der ganzen Welt auf 30 Millionen. Reinhard Henschel, der Bruder des letzten Kasseler Lokomotivbauers, schreibt hierüber:

„Die Konjunktur, die Reichskanzler Stresemann mit seiner neuen Rentenmark erzeugen wollte, hatte sich verlaufen. Zu den schönsten Hoffnungen hatte noch die Eisenbahntechnische Ausstellung Seddin und die Verkehrsausstellung München berechtigt, denn von 1924 an stieg der Eisenbahnverkehr stetig an, erreichte 1929 wieder den Umfang der Vorkriegsjahre. Das Auslandsgeschäft war ebenfalls auf Touren gekommen. Neue Henschel-Lokomotiven dampften in Italien, Ungarn, Südafrika, Brasilien … Über all das war nun die Wirtschaftskrise hereingebrochen. Die Deutsche Reichsbahn saß auf einem Überbestand von mehr als achttausend Lokomotiven. Personen- und Güterverkehr auf Schiene und Straße wurden gedrosselt wie überall auf der Welt. Straßenbau fand überhaupt nicht mehr statt. Der deutsche Markt lag völlig darnieder. Vor dem Ersten Weltkrieg gaben allein die Preußischen Staatsbahnen eintausendzweihundert Lokomotiven pro Jahr in Auftrag. Jetzt ließ die Deutsche Reichsbahn gerade hundert Lokomotiven von der gesamten deutschen Lokomotivindustrie bauen."

Kein Wunder, daß die seit 1925 erstmals entstandenen neuen Einheitslokomotiven, welche dazu ausersehen waren, nach und nach die alten Länderbahngattungen abzulösen, so gut wie gar keine Rolle spielten. So wurden die 17^{10-12}-Lokomotiven zu den dominierenden Fahrzeugen der „Goldenen Zwanziger", wie diese Jahre nach 1945 in einer seltsamen und schillernden Verklärung genannt wurden. Sie geraten heute bereits in Vergessenheit, das Attribut „golden" ist an die fünfziger und sechziger Jahre weitergegeben worden. Für den Zeugen des unserem Buche zugrundeliegenden Zeitraums sind sie nach wie vor in der Erinnerung vergoldet, jene „Roaring Twenties", wie sie die Angelsachsen nennen, die brüllenden Zwanziger.

Ein Mysterium umgab diese Jahre. Wer etwas gelten wollte, wer sich berufen glaubte, der Menschheit ein neues Heil zu verkünden, wer irgendeiner Muse ergeben war, den zog es nach Berlin, dem Mekka der Intellektuellen. Es ging um die letzte Blüte der bürgerlichen Kultur, um Höhepunkt, Verfall und Untergang zugleich, anders gesagt, um den Tanz auf dem Vulkan vor dem Beginn der Naziherrschaft am 30. Januar 1933. Hermann Kesten schreibt: „Verglichen mit dem Wilhelminischen Reich, verglichen mit dem Dritten Reich, verglichen mit den meisten Jahrzehnten der deutschen Geschichte und Kulturgeschichte war jenes zweifelhafte, ja, verworfene Jahrzehnt eines der besseren und besten, weil es wenigstens den Anschein gab, als könne man aus den Deutschen ein freies Volk machen, als würde das Jahrhundert humaner werden, als könnten die Tugenden vieler Millionen Deutscher zu einer deutschen Tugend werden."

Berlin und seine 17er – das ist die Zeit zwischen Dawes- und Young-Plan und den Brüningschen Notverordnungen, die Zeit des Parteienhaders, der wechselnden Reichskanzler mit den wechselnden Kabinetten, die Zeit der Schlägertrupps von Reichsbanner und SA, die Ära Hindenburg, dessen Einzug nach der Wahl zum Reichspräsidenten am 10. April 1925 und Ankunft im Berliner Bahnhof Heerstraße am 11. Mai bereits eine 17^{10-12} begleitet hatte. Wenn der alte Herr später von Berlin nach seinem geliebten Gut Neudeck in Ostpreußen reiste, dann führten Lokomotiven der BR 17 den Zug auf der ganzen Fahrtstrecke. Es braucht heute Phantasie, sich das Wirken unserer Lokomotiven in jener Zeit zu vergegenwärtigen. Sobald der Dichter Gerhart Hauptmann – damals bereits der große alte Mann der Literatur – vom heimatlichen Agnetendorf in Schlesien nach seinem Feriendomizil auf der Insel Hiddensee reiste, dann wurde sein Zug auf der ganzen Strecke von 17^{10-12}-Lokomotiven geführt. Kann man sich heute überhaupt noch vorstellen, wer damals auf den Berliner Kopfbahnhöfen nach Ankunft des Schnellzuges den Bahnsteig verließ und dabei vielleicht einen Blick auf die vor dem Prellbock dampfende 17 1062 oder 1133 oder 1208 warf? Stefan George, Hugo von Hoffmannsthal, Gottfried Benn oder Bert Brecht, Marlene Dietrich, Greta Garbo, Henny Porten oder Fedor Schaljapin, Richard Tauber, Jan Kiepura, Martha Eggerth oder die Mistinguette, Cosima Wagner, Wilhelm Furtwängler, Bruno Walter, Albert Einstein genauso wie Otto Reuter, La Jana und die Tiller-Girls? In jene Zeit gehört die Traktion der Züge zu den Jungfernfahrten der neuen Ozeanriesen „Bremen" und „Europa", die Oldenburger 17er auf dem letzten Streckenabschnitt besorgten, ebenso wie die triumphale Rückkehr von Max Schmeling nach Erlangen der Box-Weltmeisterschaft 1931. Alles, alles spielte sich damals letztlich vor der Kulisse unserer 17er ab. Selbst als Tucholskys Lydia mit ihrem „Daddy" nach Gripsholm aufbrach, stand eine 17^{10} des Bw Rostock vor dem Zug. Es war die Glanzzeit dieser Lokomotiven, wo sie vor keinem Regierungssonderzug, bei keinem ausländischen Staatsbesuch fehlten. Und Berlin war ihr Mittelpunkt.

Ab 1931 gab es erste Änderungen. Das Bahnbetriebswerk Schneidemühl erhielt neue 03-Lokomotiven (004–009), ferner Frankfurt (Oder) (016–019) sowie Breslau Hbf (024–031). Sie kamen nunmehr nach Berlin ebenso wie die 03 von Hannover Ost (010–015) und Stargard (020–023), letztere zum Stettiner Bahnhof. Die Stadtbahn blieb bis 1931 uneingeschränktes Domizil der 17er, zumal die 01 aus Hannover, die dort 1928/29 angeliefert worden waren, wegen ihrer hohen Achslast von 20 Mp die Ferngleise der Stadtbahn nicht befahren durften, vielmehr im Bahnhof Charlottenburg umgespannt wurden. Die Züge wurden dann von den 17ern oder von 38^{10-40} weiterbefördert. Es hat bis weit in die dreißiger Jahre gedauert, bis die vielen Brücken der Stadtbahn so weit verstärkt worden waren, daß auch die schweren Maschinen durchlaufen konnten.

Um 1933 traten unsere 17er in eine neue Periode ein. Sie fällt mit der Lieferung der ersten 03-Lokomotiven an die Betriebswerke Grunewald und Karlshorst zusammen. Noch fehlte es auch danach nicht an besonderen Leistungen, die Maschinen standen jedoch während der Zeit des „Dritten Reiches" nicht sehr hoch im Kurs. Die Überbewertung der Einheits-Schnellzuglokomotiven zu jener Zeit ist allgemein bekannt, sie waren ja auch relativ neu. Nazi-Größen ließen ihre Sonderzüge nur mit 01- oder 03-Maschinen bespannen. Es ist kein Fall bekannt, daß eine 17er jemals einen Sonderzug Hitlers geführt hätte. Man wählte zu diesem Zweck eher Planlokomotiven und ließ dafür die 17er die Reisezüge übernehmen.

Mit dem Jahre 1945 und der Eroberung Berlins durch die Russen ging auch das Kapitel der Berliner 17er zu Ende. Wohl wurden von der DR in der Sowjetzone einzelne wieder in Betrieb genommen. Doch die waren zumeist in Cottbus beheimatet, wo sie auf Kohlenstaubfeuerung umgebaut wurden. Sie spielten keine herausragende Rolle und kamen über den Ostbahnhof (so hieß nunmehr der Schlesische Bahnhof) oder Berlin-Lichtenberg nicht hinaus.

Das Betriebswerk Karlshorst besaß für die Bespannung der Züge in Richtung Westen 1931 achtzehn Maschinen der BR 17^{10-12}, 1937 waren es nur noch neun. Das Bw Grunewald besaß für die Züge in Richtung Osten im Jahre 1931 sechzehn Loks, 1937 waren es noch zwölf, ein Zeichen, daß die Maschinen noch immer gebraucht wurden. Doch über die Stadtbahn kamen auch Maschinen auswärtiger Bw nach Berlin hinein, so 1936 aus Frankfurt (Oder) sieben Stück, aus Sommerfeld fünf, aus Schneidemühl acht. Von der anderen Seite waren es aus Hannover noch fünfzehn, aus Stendal sechs, wobei auch auf den anderen Berliner Bahnhöfen reger Betrieb herrschte. Görlitz besaß 1936 noch zehn Maschinen der 17^{10}. Auf dem Stettiner Bahnhof trafen sich die Maschinen aus Gesundbrunnen, Pasewalk, Stolp, Stargard, Rostock und Stralsund. Soviel zur Lokomotivstatistik, die ja von vielen Eisenbahnfreunden immer noch eifrig betrieben wird. Doch zu unseren 17ern gehören auch die 17^{2}-Lokomotiven benachbarter Betriebswerke die regelmäßig Berlin anfuhren. Die Loks kamen aus Cottbus, Leipzig, Halle, Magdeburg und Braunschweig wie auch Hannover regelmäßig nach Berlin, und nicht immer in spektakulärem Einsatz. Halle und Leipzig besaßen jeweils vier Stück; sie dienten dort als Schnellzugreserve und kamen oftmals als Vorspann vor den 01-und 03-Maschinen, wenn die Schnellzüge aus Süddeutschland Überlast aufwiesen, zum Anhalter Bahnhof. Dort konnte man bis zum Jahre 1935 auch noch ein drittes Mitglied aus der 17er-Familie bewundern, nämlich die vormals sächsische Gattung XII H Verb., Untergruppe 17^{7}. Das waren ebenfalls Vierzylinder-Verbund-Maschinen, aber von anderer, eben sächsischer Bauart. Eine kleine Besonderheit: Bei ihnen griff die Treibstange innen direkt am Rad, am Treibzapfen an, während die

Kuppelstangen, die alle drei Räder verbanden, außen lagen. Im Normalfall geht es gerade umgekehrt. Diese sächsischen Maschinen wurden 1935 aus dem Verkehr gezogen, sie waren überaltert und unwirtschaftlich geworden. Zum Bild der Berliner 17er und den Goldenen Zwanzigern gehören sie indes unbedingt dazu. Lok 17 708 dürfte die letzte ihres Stammes gewesen sein, die noch 1936 Berlin ihren Abschiedsbesuch abgestattet hat.

Ein weiter Bogen deutscher Geschichte spannt sich über unsere 17er. Die preußischen Maschinen wurden zwischen 1911 und 1916 gebaut; sie waren die „Stars" der Kaiserzeit, standen zwar bis 1924 noch im Wettbewerb mit S 6, S 7 und S 9, ließen aber die schwächere Konkurrenz bald hinter sich, um dann selbst zehn Jahre später den neuen Einheitslokomotiven zu weichen. Im Zweiten Weltkrieg leuchtet ihr Stern wieder hell auf, die Zeit war jedoch zu düster, um davon Notiz zu nehmen.

Freilich ist alles relativ im Leben. Die Berliner Eisenbahnfreunde sahen die Dinge anders: „Immer diese dämlichen 17er, nich mal wat Modernes ham 'se uns zu bieten!" Es kommt halt immer auf den Standpunkt an.

Der aufmerksame Leser wird sich erinnern, daß ich bei früherer Gelegenheit bereits meine Erlebnisse mit diesen Lokomotiven, insbesondere auf der Ostbahn, geschildert habe und auch so manchen alten Lokführer erwähnte. Das waren jedoch ganz wenige und seltene Gelegenheiten, als ich sozusagen das Allerheiligste dieser Maschinen betreten durfte. Nein, wenn mich die Sehnsucht nach der geliebten Eisenbahn übermannte, dann fuhr ich mit der Straßenbahn zum Bahnhof Friedrichstraße, wenn ich nicht gleich einen Nachmittag dazu verschwendete, mit der Straßenbahnlinie 1 alle Fernbahnhöfe „abzuklappern". Doch Friedrichstaße war schön, auf den Fernbahnsteigen herrschte immer Betrieb.

Der D 3 fuhr gegen 14.30 vom Bahnhof Friedrichstraße ab. Doch um den geht es gar nicht, der D 3 wurde von einer 03-Lok geführt, die hochnäsig auf den Inhaber einer simplen Bahnsteigkarte herabschaute. Nein, zehn Minuten früher fuhr im Sommer des Jahres 1938 ein Vorzug. Er lief über Küstrin-Neustadt-Schneidemühl bis Marienburg. Und um diesen Zug ging es. Dem Berliner Leser wird es nicht schwerfallen, sich die Situation im Bahnhof Friedrichstraße vorzustellen. Bester Standpunkt auf Bahnsteig A war die Brücke über die Friedrichstraße. Man konnte einmal den Straßenverkehr unten beobachten, stand aber dennoch so, daß die Lokomotiven Richtung Osten etwa gerade vor der eigenen Nase

Die Schneidemühler 17 1165 ist mit ihrem D-Zug in Berlin angekommen und restauriert im Bw Grunewald für die Rückfahrt. (Foto Harder)

hielten. Nun, der Puls ging schneller, wenn sich hinten aus Richtung Schiffbauerdamm die schwarze Masse der Lokomotive durch die Bahnsteighalle schob und just mit dem Führerhaus vor dem Bahnsteiggast hielt. Ich sehe sie noch immer vor mir, die Führerhäuser mit den alten Betriebsnummern der Vergangenheit, meiner Zeit, 17 1139 oder 1166 oder 1204, und wie sie immer lauteten. Darunter das Schildchen RBD Berlin und noch weiter unten nach vorn gerückt das Schild Grunewald. Wer mag sich auch noch an das Gattungszeichen erinnern? S 35.17 mit Dreieck und Strich darüber? Tempi passati, aus den Augen, aus dem Sinn, wie der Italiener sagen würde! Ist das alles schon vergessen? Der Zug fuhr auf dem zweiten Gleis, so daß ich an der Lokführerseite stand. Oft schauten beide Lokmänner aus dem Fenster oder über das Türchen der Tenderbrücke. Es herrschte stets lebhafter Betrieb auf dem Bahnsteig, das Leben spielte sich ja damals ganz anders ab als heute. Dienstmänner schleppten Koffer in die Abteile, Reiseproviant wurde ausgerufen, Angehörige wechselten letzte Abschiedsworte durch die Wagenfenster. Selbst der Zaungast auf dem Bahnsteig ließ sich jedesmal von diesem einmaligen Fluidum einer Zugfahrt hinreißen. Über allem der so unverwechselbare Geruch von Ruß und heißem Öl. Lautes Stimmengewirr, bis der Lautsprecher – den gab es schon anno 1938 – sein „Türen schließen" und „Vorsicht" krächzte, der Aufsichtsbeamte die „Kelle" erhob und der Lokführer den Kopf einzog, zum Druckausgleichhebel als seiner Anfahrhilfe griff und den Regler öffnete. Dann hieß es, schnell ganz nach vorn eilen, um diesen einmaligen Augenblick nicht zu versäumen, wo sich alle vier Zylinder in Bewegung setzten und alle vier Kreuzköpfe auf vier ölglänzenden Gleitbahnen begannen, die Trägheit der Zugmasse zu überwinden. Wenige Schritte nur, dann wurde der Zug schneller, sieben oder acht Wagen rollten vorüber. Leider ließ sich dem Auspuffschlag nicht lange nachlauschen, denn dauernd polterten nebenan die S-Bahnzüge ein und heulten beim Ausfahren grell auf. Doch ich schaute, bis es nichts mehr zu schauen gab, bis schließlich der nachfolgende D 3 an den Bahnsteig rollte.

Und heute? Heute hänge ich meinen Erinnerungen nach, die alles in eine milde Verklärung hüllen, und trauere ein wenig: Berlin – deine 17er!

Wer könnte über die Glanzzeit jener preußischen Schnellzuglokomotiven besser Auskunft geben als ein waschechter Berliner? Erteilen wir hiermit dem unvergeßlichen Arnold Haas das Wort, der später in New York eine neue Heimat fand. Er gilt als profunder Kenner auch des amerikanischen Lokomotivbaus und schrieb im Jahre 1970 den folgenden Beitrag mit dem Titel „Erinnerungen an eine Zeitgenossin meiner Jugend":

Als gebürtiger Berliner hatte ich schon von frühester Kindheit an Gelegenheit, die hervorragenden preußischen S 10^1-Schnellzuglokomotiven zu sehen. Das nicht nur auf fast allen Berliner Fernbahnhöfen, sondern erst recht vom Balkon unserer Wohnung in der Altonaer Straße aus, wo in nur 60 Meter Entfernung die Gleise der Stadtbahn die Straße überquerten. Diese formschöne und elegant aussehende Lokbauart samt ihrer großen Leistungsfähigkeit beeindruckten mich schon seit frühester Jugend. Wie scheinbar mühelos konnte sie einen schweren D-Zug in Gang setzen und auf hohe Geschwindigkeit bringen. Wie oft hatte ich Gelegenheit, das zu erleben, und welch große Freude empfand ich doch jedesmal, gleich ob ich auf dem Bahnsteig stand, meine Beobachtungen vom Zugfenster aus machte oder später sogar vom Führerstand der Lok selbst.

Als ich fünfzehn Jahre alt war (1929) und mir bereits ausführliche Kenntnisse über Bau und Betrieb der Dampflok erworben hatte und aus Unterhaltungen von Lokpersonalen nur größtes Lob über die S 10^1 hörte, lernte ich sie erst richtig schätzen. Sie wurde für mich die Königin des Schienenstranges, meine liebste Lokbauart, und ich versäumte keine Gelegenheit, sie zu sehen, sei es auch nur für ein paar Sekunden vom Balkon aus auf der Straßenüberquerung.

Als Anfang der dreißiger Jahre immer mehr Lokomotiven der Baureihe 03 auf der Bildfläche erschienen, um die angeblich „veralteten" S 10^1 zu ersetzen, blieb meine Liebe unverändert. Sie blieb für mich – und ist es auch heute noch – eine moderne, neuzeitliche Lokbauart. An Leistung kam sie der größeren 03 sehr nahe, manche sagten sogar, sie sei ihr ebenbürtig. So fuhren zum Beispiel bis 1937 03 und S 10^1 gemeinsam im „großen" Dienstplan des Bw Karlshorst (Rga), darunter alle Fernschnellzugpaare zwischen Berlin-Stadtbahn und Hannover, wobei beide Lokbauarten nach Aussagen der Lokführer oft bis an die Grenze ihrer Leistungsfähigkeit beansprucht wurden. Die S 10^1 mußten dabei die gleichen Leistungen vollbringen wie die 03, wobei sie im Verbrauch von Wasser und Kohle noch sparsamer als diese waren. Die lange, schmale Feuerbüchse mit ihrer großen Strahlungsheizfläche verlieh ihrem Kessel eine Verdampfungsfähigkeit per m^2 Heizfläche, die größer als bei der 03-Bauart war. Der höhere Wärmewirkungsgrad ihres Kessels und das ausgezeichnet gelungene Vierzylinder-Verbund-Triebwerk stellten die Gründe dar für die annähernde Leistungsgleichheit mit der größeren 03. Man konnte der S 10^1 daher ohne weiteres viel schwerere Zuglasten zumuten, als nach der Leistungstabelle des „Merkbuches" vorgesehen war. Um ihre Leistungsfähigkeit noch weiter zu steigern, wurde bei einer Anzahl Maschinen der Bauart 1914 der Kesseldruck von 15 auf 16 atü erhöht.

Recht erstaunt war ich allerdings, als ich einmal während einer Fahrt auf dem Führerstand der Lok 17 1167 feststellte, daß die Sicherheitsventile erst in Aktion traten, als die Nadel des Kesseldruckmessers 18 atü anzeigte.

Bis zur Ankunft der ersten 03-Lokomotiven waren im Bw Karlshorst nachstehende Maschinen stationiert: 17 1124, 1125, 1126 (mit Speisedom), 1127, 1128, 1136, 1156, 1158, 1166, 1167, 1169, 1185, 1189, 1196 und 1209, als eine stattliche Reihe.

Jeden Nachmittag konnte man eine S 10^1 auf dem Bahnhof Charlottenburg in Berlin sehen, die dort in Reserve stand. Gewöhnlich brachte sie den D 14 über die Stadtbahn und erreichte Charlottenburg gegen 14 Uhr, wo der Zug für die Weiterfahrt nach dem Westen von einer 01-Lok übernommen wurde. Dann stand sie gewöhnlich am östlichen Ende des Bahnsteigs B (Richtung Westen) auf einem Abstellgleis, während sich das Personal in einem kleinen Häuschen auf dem Bahnsteig aufhielt. Abends, gegen 20.30 Uhr, fuhr die Lok zum Drehen nach dem Bw Grunewald, kehrte bald zurück, um den gegen 21.20 Uhr aus dem Westen eintreffenden D 13 über die Stadtbahn zu befördern. Bekanntlich durften die 01-Lokomotiven des Bw Hannover nur bis Bahnhof Charlottenburg fahren, da für die Ferngleise der Stadtbahn noch keine 20 t Achslast zugelassen waren.

Hier auf dem Charlottenburger Bahnhof machte ich viele Bekanntschaften mit Lokmännern des Bw Karlshorst. Eine davon entwickelte sich zu einer echten Freundschaft. Nicht nur, daß ich alle 16 Tage die Herren Oberlokführer Max Michaelis und seinen Heizer Reservelokführer Willi Bertram begrüßte, wir besuchten uns auch zu Hause, und ich lernte die Familien der beiden Männer kennen. Michaelis und Bertram versahen Dienst auf den Loks 17 1136 und 1167, später auf Lok 03 100. Das höchste Erdenglück bestand für mich darin, wenn mir Herr Michaelis abends am Ausfahrtsignal des Bahnhofs den Regler seiner S 10^1 übergab und ich die Lok nach Grunewald fahren durfte. Ich fühlte mich im siebenten Himmel, wenn ich die Steuerung ganz auslegte, den Hebel des Druckausgleichers auf Mittelstellung brachte, wodurch Frischdampf in den Verbinder gelangte, und ich dann vorsichtig den Regler öffnete. Nach einer Radumdrehung drückte ich den Hebel des Druckausgleichers wieder zurück, so daß die Maschine auf Verbundwirkung arbeitete, kurbelte das Handrad der Steuerung auf etwa 45/10 und öffnete den Regler etwas weiter. Im Schieberkasten hatten wir 10, im Verbinder 3 atü Druck. Natürlich betätigte ich auch den unteren Hebel, der die Zylinderentwässerungshähne – wir sagten kurz „Zischhähne" – öffnete; nach dem langen Stehen im Bahnhof mußte das in den Zylindern angesammelte Kondenswasser entfernt werden. Kurz vor dem Bw übergab ich die Lok wieder ihrem Führer, der sie dann vorsichtig auf die Drehscheibe bugsierte. Nach dem Drehen durfte ich die Lok wieder zurück nach Charlottenburg fahren. Wenn das Einfahrtsignal zufällig auf Halt stand, bremste ich meist viel zu früh. Vor dem Bremsen hatte ich immer Angst und überließ dieses Geschäft lieber dem Lokführer. Auch die Kohlenschaufel lernte ich schwingen und war stolz, wenn die Nadel des Manometers sich dem roten Strich näherte oder ihn gar erreichte, wenn der Kohlenwurf gut gezielt war und die Kohle auf die Stelle im Rost fiel, wo sie tatsächlich hin sollte. Im Vergleich zu vielen anderen Lokbauarten ließ sich die S 10^1 sehr leicht feuern, obwohl die Heizer oft über „Blumenerde" klagten, wie schlechte Kohle scherzhafterweise genannt wurde.

Niemals in meinem Leben werde ich einen Sommernachmittag des Jahres 1933 vergessen. Die Ferien hatten begonnen, mit ihnen die Hauptreisezeit. Ich stand auf dem Fernbahnsteig B des Bahnhofs Charlottenburg. Gegen 17.20 Uhr lief der D 23 (Paris – Berlin – Warschau) mit 2 Lokomotiven, Baureihe 01, bespannt aus Hannover ein. Ich zählte 17 Wagen. Die beiden neuen, schweren 01er wurden abgekuppelt, und eine einzelne S 10^1 – es war die 17 1031 des Bw Frankfurt/O Pbf – kam vor den Zug und machte Bremsprobe. Eine Minute später ertönte der Abfahrtspfiff – es ging los!

Steuerung auf rückwärts – HD-Zylinder-Druckausgleicher auf – Regler auf – die mächtigen Treibräder rollen einen Meter zurück – schon kurbelt der Führer die Steuerung schnell auf vorwärts – die Schieberschubstange senkt sich weit unter den Schwingenmittelpunkt – Regler wieder auf – pfätsch – ein Strahl schneeweißen Dampfes schießt aus dem Verbindersicherheitsventil rechts oben an der Rauchkammer gen Himmel – die Räder greifen – wollen schleudern – Sand – Regler zu – wieder auf – die Lok zittert vor übergroßer Anstrengung – ganz langsam geht es vorwärts – ein dumpfer, scharfer Schlag – noch einer – noch einer – der große Hebel über dem Steuerbock wird nach vorn gedrückt – das Verbindersicherheitsventil schweigt – der nächste Auspuffschlag kommt nur wie ein Hauch – die nächsten werden stärker und schneller – jetzt werden die Zischhähne geöffnet, weiße Dampfwolken quellen unten und oben aus der Lok – jetzt nur noch oben, der Zug rollt – der Auspuffschlag wird immer schärfer, schneller – die Schieberschubstange geht wieder in die Höhe bis kurz unter den Schwingenmittelpunkt – der Lokführer öffnet den Regler weit – schon poltert der letzte Wagen am Bahnsteig vorbei – langsam entschwindet der Zug – in der Ferne bläst die Lok turmhohe weiße Dampfwolken gen Himmel – das scharfe Auspuff-Stakkato ist weithin zu hören, die brave 17 1031 ersetzt mit der Würde einer Königin zwei 01-Kolleginnen. Die 17 Wagen rollen schneller und schneller, viermal wiederholt sich noch die Prozedur, auf Bahnhof Zoo, Friedrichstraße, Alexanderplatz und im Schlesischen Bahnhof. Danach müssen die 17 Wagen auch noch auf Schnellzuggeschwindigkeit gebracht werden. Die Last ist viel zu schwer für die leichte Maschine, dennoch zeigt sich die S 10^1 als echte Schnellzuglokomotive.

Kaum war der Zug meinen Blicken entschwunden, als ich die Treppen des Fernbahnsteigs herunterraste und hinauf zum Bahnsteig C galoppierte, wo die Stadtbahnzüge nach dem Osten abfuhren. Welch ein Glück, einen Augenblick später läuft ein Zug nach Erkner ein. Der elektrische Triebzug, der immer parallel zu den Ferngleisen fährt, beschleunigt natürlich viel schneller. Ich fiebere vor Erregung, richtig, zwischen den Bahnhöfen Tiergarten und Bellevue holen wir den D 23 mit seiner schwer arbeitenden 17 1031 ein, wir überholen ihn langsam, so daß ich die Lok genau beobachten kann. Der Regler ist weit geöffnet, ein Blick auf die Stellung der Schieberschubstange in der Schwinge – die Steuerung ist auf 45–50% ausgelegt –, der scharfe Auspuffschlag klingt während der Vorbeifahrt wie Musik in meinen Ohren. In Friedrichshagen steige ich aus und warte auf „meinen" Zug. Ich muß doch wissen, ob er am Schlesischen Bahnhof Vorspann erhalten hat oder Wagen abgehängt wurden. Schon nach kurzer Zeit kommt die brave 17 1031 im 100-Kilometer-Tempo angedonnert, ohne Vorspann, mit dem gleichen 17-Wagen-Zug, den sie in Charlottenburg übernommen hatte.

Ich sehe das Bild noch heute vor mir, ein Erlebnis, das man einfach nie vergißt, eine kaum vorstellbare Höchstleistung dieser Lok, die sogar einer viel größeren und schwereren „Hudson" der New York-Central-Bahn zur Ehre gereicht hätte. Der D 23 war ein internationaler Schnellzug. Hinter dem Postwagen lief ein Packwagen mit dem flachen Dach der französischen Nordbahn, dann folgten deutsche, französische und polnische D-Wagen. Die letzten beiden Wagen an diesem Tage waren vierachsige preußische Abteilwagen.

An einem Augustnachmittag des Jahres 1933, als ich wieder einmal „meiner" Lokmannschaft auf dem Bahnhof Charlottenburg einen Besuch abstattete, klagte mir Oberlokführer Michaelis sein Leid. Sein einziger Sohn Alfred, Schüler der Unterprima des Realgymnasiums, focht einen aussichtslosen Kampf mit der Mathematik. Der Klassenlehrer hatte unmißverständlich mit Sitzenbleiben gedroht, falls sich die Leistungen nicht bessern sollten. Denn in die Oberprima wurden nur Schüler versetzt, von denen man ein Bestehen des Abiturs erwarten konnte.

Mathematik – das war ausgerechnet das Fach, in welchem ich – wie man so sagt – auf der Höhe war und auch schon Nachhilfe gegeben hatte. So kam, was kommen mußte. Ich bot sofort Herrn Michaelis meine Dienste an, am kommenden Sonntag besuchte ich die Familie und stellte fest, daß Alfred selbst grundlegende Kenntnisse fehlten. Wir einigten uns auf dreimal in der Woche zwei Stunden, wobei gleich noch etwas Hilfestellung in Physik und Latein eingeschlossen wurde. Das Schicksal meinte es gut mit mir, bald konnte Alfred dem Unterricht folgen, und die Familie spürte den Fortschritt, den wir machten. Trotz wiederholten Drängens wollte ich aber keine Bezahlung von Oberlokführer Michaelis annehmen, ich war so froh, ihm meine Dankbarkeit beweisen zu können, daß er mich zwischen Charlottenburg und Grunewald fahren ließ. Der gute Mann zögerte auch nicht, mir wo es nur anging, eine Freude zu machen.

„Wenn Sie wollen, können Sie mit mir den P 234 bis Stendal fahren, ich habe alle 16 Tage diese Tour. Der Zug hat die Fahrzeiten eines Schnellzuges, es handelt sich um einen beschleunigten Personenzug, und er ist oft ziemlich schwer, da muß die Lok ordentlich ran. Wenn er fährt, ist die Luft rein, um diese Zeit überrascht uns kein ‚Clown' (Maschineninspektor!), der uns mit überflüssigen Fragen belästigen könnte. Aber bitte, seien Sie nicht enttäuscht, wenn es mal nicht eine Ihrer geliebten S 10[1] ist, sondern eine unserer neuen 03er. Denn man hat mir vor kurzem die 03 100 zugeteilt." So Herr Michaelis.

Das Zugpaar P 234/233 verkehrte zwischen Berlin-Stadtbahn und Köln. Hinter der Lok liefen 2–3 Packwagen und Postwagen, der Rest bestand aus preußischen vierachsigen Abteilwagen, wie sie früher für die Eilzüge verwendet wurden. Der Zug verließ Bhf Zoo um 0.17 Uhr, Charlottenburg 0.26 Uhr, also kurz nach Mitternacht, und hielt in Spandau Hbf, Rathenow, Stendal (Ankunft 2.07 Uhr), Gardelegen, Oebisfelde, Isenbüttel-Gifhorn und Lehrte und traf gegen 4 Uhr in Hannover ein. Der Zug hatte auf den einzelnen Bahnhöfen längere Aufenthalte als die D-Züge. Ein Vergleich mit dem D 2 (Berlin – Köln), der morgens in Berlin abfuhr und von einer 01 befördert wurde, ergab die gleiche Anzahl Haltepunkte wie beim 234. Die Fahrzeiten zwischen den Stationen waren entweder gleich, oder der P 234 lag um eine Minute schneller als der D-Zug.

Gewöhnlich bestieg ich die Lok auf dem Bahnhof Zoo. Im Augenblick, wo der Zug hielt, öffnete Herr Bertram die Tür zwischen Lok und Tender und reichte mir eine Handvoll Putzwolle. Im Augenblick bin ich auf der Lok, herzliche gegenseitige Begrüßung. Nach 1–2 Minuten ruft Bertram „Abfahren!", die Bremse ist gelöst, Sandstreuer auf, schon schiebt die linke Hand von Meister Michaelis – oder die meinige – den Regler auf. Das Wummern des scharfen Schlages hallt im Dunkel der Nacht besonders stark von den Häuserwänden zurück. Schon wird die Steuerung etwas eingelegt und der Regler weiter geöffnet. Wenn wir den Bhf Savignyplatz passieren, liegt die Steuerung bei der 03 auf 4/10 eingeklinkt, bei einer S 10^1 auf ca. 5/10, da eine Verbundlok größere Füllungen benötigt als eine Lok mit einfacher Dampfdehnung. Die Nadel des Schieberkastenmanometers zittert bei 12 atü, während bei der S 10^1 der Druck im Verbinder ca. $3^1/_2$ atü beträgt. Natürlich hingen Einstellen der Steuerung und Öffnen des Reglers von der Schwere des Zuges ab (niemals weniger als 36 und niemals mehr als 52 Achsen!). Hinter Bahnhof Charlottenburg ging es bis Westkreuz eine Steigung 1:100 bis 1:80 hinauf, wo die Lok schwer arbeiten mußte. Mir allerdings lachte dabei das Herz im Leibe. Bald stellte ich durch eigene Erfahrung fest, daß das Anfahren mit einem Zuge am Haken längst nicht so einfach war, wie das Ingangsetzen einer einzeln fahrenden Lok. Einiges Schleudern konnte ich bei den ersten Versuchen nicht vermeiden, dann aber lernte ich die Handhabung des Reglers. Wenn ich zu zaghaft öffnete, geschah gar nichts, die Lok zog nicht an. Bei zu schnellem Öffnen begann die Maschine zu schleudern. Auch das Einlegen der Steuerung auf kleine Füllungsgrade erfordert viel Erfahrung, und erst viele Jahre später lernte ich bei meinen vielen Fahrten auf amerikanischen Dampflokomotiven, besonders der New York-Centralbahn, den Wert des „Valve Pilot" schätzen, einer Einrichtung, die dem Lokführer bei jeder Fahrgeschwindigkeit die optimale Füllung anzeigt.

Unser Personenzug erreichte auf freier Strecke 110–120 km/h Fahrgeschwindigkeit. Bei diesen Geschwindigkeiten hatten wir bei beiden Lokbauarten (S 10^1 und 03) rund $13^1/_2$ – 15 atü Druck im Schieberkasten, der Druck im Verbinder bei der S 10^1 stieg bis auf 5 atü, die Steuerung war bei ihr dann gewöhnlich auf 35–38% eingeklinkt, bei der 03 auf 25–30% je nach Schwere des Zuges.

Diese Lok gehörte zum Bw Cottbus und wurde 1956 in Senftenberg fotografiert. Interessant ist, daß sie vor einem Zug in der DDR gebauter sowjetischer Weitstreckenwagen zwecks Überführung nach Osten steht. (Foto Otte)

Prinzipiell fuhr Michaelis keine $S\,10^1$ unter 35% und keine 03 unter 25% Zylinderfüllung. Ich lernte schnell die Fahrweise des Meisters zu kopieren und fühlte mich stolz als „Lokomotivführer". Nur das Führerbremsventil galt mir als heilig, das habe ich niemals angefaßt, dieses Geschäft überließ ich dem Meister selbst. Die Zusatzbremse allerdings, die man bei Alleinfahrt der Lok benutzt, traute ich mir aber zu. Besonders gern hörte ich beim Anfahren mit einer $S\,10^1$ das Heulen des in den Verbinder strömenden Frischdampfes, wenn der Druckausgleicher der Hochdruckzylinder geöffnet war und die HD-Kolben im Dampfe „schwammen".

Im Gegensatz zu den Anfahrvorrichtungen bei anderen Vierzylinder-Verbundlokomotiven, bei welchen alle vier Zylinder

Frischdampf erhielten, war die der S 10^1 nur eine Anziehvorrichtung. Nach ein bis zwei Radumdrehungen mußte der Lokführer den Hochdruckzylinder-Druckausgleicher schließen, das heißt auf Verbundwirkung umschalten. In diesem Augenblick enthielt der Verbinder noch Frischdampf, während die HD-Zylinder bereits zu arbeiten begannen. Man konnte deutlich beobachten, daß die Lok mit Verbundwirkung kräftiger anzog als auf „Zwilling" mit den Niederdruckzylindern. Nur beim Stillstand waren die Flächen der Hochdruckkolben zu klein, um Lok und Zug in Bewegung zu setzen. Hatte nach ein bis zwei Radumdrehungen der in den HD-Zylindern nur wenig entspannte Dampf Gelegenheit, in den Verbinder zu strömen, um Arbeit in den ND-Zylindern zu leisten, während gleichzeitig die HD-Zylinder erneut Frischdampf erhielten, dann arbeitete die Lok stärker als zuvor mit der Anziehvorrichtung. Bei niedrigen Geschwindigkeiten leisteten die HD-Zylinder die Hauptarbeit. Je höher die Geschwindigkeit, desto geringer wurde der Unterschied in der Arbeitsleistung zwischen HD- und ND-Zylindern. Nach Messungen des Versuchsamtes Grunewald kam es vor, daß bei hohen Geschwindigkeiten der Anteil der Arbeitsleistung der ND-Zylinder größer wurde als jener der HD-Zylinder. Einer der Hauptgründe für die große Leistungsfähigkeit und Wirtschaftlichkeit der S 10^1 und ihre Überlegenheit gegenüber den beiden anderen S 10-Bauarten lag in den geringerem Spannungsverlusten zwischen HD- und Verbinder bzw. ND-Zylinder, sowie der geringe Gegendruck in den ND-Zylindern durch wohlproportionierte Dampfwege und einer gut gelungenen Saugzuganlage, die sogar später bei Lok 17 1205 noch verbessert wurde.

Von Stendal fuhr ich gewöhnlich mit dem Gegenzug P 233 zurück, der kurz nach 4 Uhr Stendal verließ und gegen 6 Uhr in Berlin eintraf. Der Lokführer des P 233 hatte tags zuvor den FD 22 nach Hannover gebracht. Oft hatte Herr Michaelis vorher mit diesem Kollegen gesprochen, und ich war dann während der Rückfahrt Gast auf dessen Führerstand, anfänglich immer einer S 10^1, später jedoch meistens einer 03. Gern opferte ich meine Nachtruhe; wenn ich morgens gegen 6.30 Uhr zu Hause eintraf, dann half starker Kaffee wieder auf die Beine. Der versäumte Schlaf ließ sich allemal in der folgenden Nacht nachholen.

Meine Bemühungen um Alfred Michaelis waren von Erfolg gekrönt. Ostern 1934 wurde er nach Oberprima versetzt. Einen Tag nach Beginn der Osterferien erhielt ich einen Telefonanruf von

Oberlokführer Michaelis. Er bedankte sich freudig bei mir für die Hilfe bei Alfred und rückte gleichzeitig mit einer freudigen Mitteilung heraus: „Kommenden Sonntag habe ich Zugpaar FD 26/25 und lade Sie ein, mit mir nach Hannover und zurück zu fahren. Wir wollen zusammen Alfreds Versetzung feiern. Seien Sie Sonntag früh um $^1/_2$9 Uhr auf dem Bahnhof Zoo, aber lösen Sie diesmal nur eine Bahnsteigkarte keine Fahrkarte für die Fahrt. Wir werden höchstwahrscheinlich eine S 10^1 haben."

Einer meiner schönsten Träume sollte Wirklichkeit werden. Noch niemals zuvor war ich mit einem Fernschnellzug gefahren, und jetzt sollte es sogar auf dem Führerstand der Lok sein, noch dazu auf einer S 10^1. Allerdings wunderte mich, daß ich nur eine Bahnsteigkarte lösen sollte. Bisher steckte bei jeder Fahrt eine gültige Fahrkarte in meiner Tasche. Damals mußte man sogar im Wartesaal Stendal sein „Billett" vorzeigen, um sich bis zur Abfahrt des Berliner Zuges dort aufhalten zu können.

FD 26/25 verkehrte zwischen Berlin-Stadtbahn und Paris (Nord) und bestand aus 8 oder 9 Wagen. Er verließ Berlin-Zoo morgens um 8.39 Uhr und erreichte Hannover 11.19 Uhr. Der Gegenzug FD 25 dampfte um 20.47 Uhr in Hannover ab und traf um 23.15 Uhr in Zoo ein. Zwischenhalte gab es nicht. Für die 256 km lange Strecke betrug die Fahrzeit für den FD 26 160 Minuten, der Gegenzug FD 25 mußte mit nur 148 Minuten auskommen, der kürzesten Fahrzeit aller auf dieser Strecke verkehrenden Züge.

Ich war sehr aufgeregt, die Nacht vorher fand ich kaum Schlaf aus Angst, die Zeit zu verpassen. Herrliches Frühlingswetter herrschte an diesem Sonntagmorgen. Bereits um 8 Uhr stand ich am westlichen Ende des Fernbahnsteiges im Bahnhof Zoo, mitten über der Hardenbergstraße. Um 8.37 Uhr lief der 8-Wagen-Zug ein, geführt von Lok 17 1167 mit abblasenden Sicherheitsventilen. Kaum hielt der Zug, streckte mit Heizer Bertram schon die Putzwolle entgegen, unser vereinbartes Zeichen, daß die Luft „rein" sei und ich auf den Führerstand kommen könne. Bei diesem Zug mußte ich natürlich auf eine Probe meiner Fahrkünste verzichten, außerdem war es ja heller Tag.

Pünktlich um 8.39 Uhr hob der Aufsichtsbeamte den Befehlsstab, und Herr Michaelis öffnete den Regler. Durch Charlottenburg ging es bereits im 60-km/h-Tempo, die Steuerung war auf etwas über 4/10 eingeklinkt, der Regler weit offen, als wir in die Steigung einfuhren. Die Geschwindigkeit verringerte sich nur wenig, die Sicherheitsventile säuselten weiter, zu meinem Erstaunen zeigte die Nadel des Kesseldruckmessers 18 atü. Durch Spandau Hbf ging es mit 90, und bei Staaken rasten wir bereits mit 120 km/h dahin. Die Nadel des Geschwindigkeitsmessers kam selten darunter, meist fuhren wir mit 125 km/h und verringerten die Geschwindigkeit nur dort, wo wir mußten. Z. B. beim Befahren der Elbebrücken, bei der Durchfahrt durch die Bahnhöfe von Stendal, Oebisfelde und Lehrte sowie bei einer La-Stelle. „Auf der Rückfahrt heute abend müssen wir uns mehr dazuhalten, da wir 12 Minuten weniger Fahrzeit haben", deutete Oberlokführer Michaelis bereits an. Mein unsicherer Blick auf das Schild an der Kesselrückwand „Größte Geschwindigkeit 120 km/h" mußte dem Meister aufgefallen sein, denn er beruhigte mich: „Das Schild ist bedeutungslos, die von der Lokleitung und vom Maschinenamt wissen, daß wir mit 120 km/h nicht auskommen, wenn wir die Fahrzeit halten wollen; eine S 10^1 kann ohne Schaden, wenn nötig, mit 140 km/h und darüber gefahren werden und leistet dasselbe wie die 03."

Die Steuerung blieb fast die ganze Zeit auf 35% eingeklinkt, die Geschwindigkeit wurde mit dem Regler kontrolliert. In der Ebene genügten 12–13 atü Dampfdruck; kamen wir in leichtes Gefälle, wurde der Dampf auf $9^1/_2$-10 atü gedrosselt, im Schieberkasten gemessen. Ging es in eine leichte Steigung oder sollte die Geschwindigkeit erhöht werden, dann wurde einfach der Regler weiter geöffnet, der Schieberkastendruck stieg auf 15–16 atü. Dementsprechend betrug der Druck im Verbinder 3–5 atü. Ich stand meistens auf der rechten Seite bei Herrn Michaelis, nur wenn Herr Bertram mit der Schaufel hantierte, setzte ich mich auf seinen Platz, um aus dem Wege zu sein.

Pünktlich 11.19 Uhr liefen wir in Hannover Hbf ein. Doch dann kam erst die Überraschung! Meister Michaelis drückte mit 2 Fahrkarten 2. Klasse FD-Zug Berlin – Hannover und zurück in die Hand mit den Worten: „Die eine Fahrkarte geben Sie jetzt an der Sperre ab, mit der anderen kommen Sie heute abend durch die Sperre auf den Bahnsteig. Abfahrt 20.47 Uhr. Bis dahin auf Wiedersehen!" Schnell mußte ich von der Lok herunter, schon dampfte unsere gute 17 1167 in Richtung Bw davon. Eine 01 schob sich vor den Zug, ich blieb noch bis zur Abfahrt auf dem Bahnsteig.

Dann hatte ich einen ganzen Tag Zeit bis zum Abend. Nun, dem Eisenbahnfreund wird ein solcher Tag nicht lang. Erst säuberte ich mich im Waschraum, dann wurde gefrühstückt, und schließlich gab es auf einem solch großen Bahnhof wie Hannover mehr als genug zu sehen. Die Zeit verging wie im Fluge. Doch erst 20.47 Uhr, als wir schon hätten abfahren müssen, traf unser FD 25, von einer 01 geführt, ein. Diese kuppelt ab und fährt davon, und dann rollt wieder die liebe 17 1167 rückwärts vor den Zug. Herr Bertram gibt das Zeichen mit der Putzwolle, ich „springe" glückstrahlend auf den Führerstand. Während Herr Michaelis die Bremsprobe ausführt, mache ich ihm Vorhaltungen wegen der Fahrkarten, doch er schneidet alle Proteste kurzweg ab. Meine Nachhilfestunden seien für seine ganze Familie von unschätzbarem Wert gewesen, einen kleinen Ausgleich müßte ich ihm schon gestatten. Wenn der Mann gewußt hätte, daß mir die Fahrt mit dem FD doppelt soviel wert war wie die ganze Nachhilfe ...!

Das Ausfahrtsignal steht auf „Frei", mit 3 Minuten Verspätung, um 20.50 Uhr öffnet der Meister den Regler, und unser Fernschnellzug, der jetzt aus 9 Wagen besteht, verläßt Hannover. „Jetzt wird's ernst", erklärte der Lokführer, „12 Minuten kürzere Fahrzeit, 3 Minuten Verspätung einholen und dann noch einen Wagen mehr!" Das scharfe Hämmern des Auspuffs bewies, daß der Meister es wirklich ernst meinte, wir beschleunigten hervorragend, Dampf gab es jede Menge. Mit 110 km/h, dem höchstzulässigen Maß, brausen wir durch Lehrte, dann wird der Regler wieder bis zum Anschlag geöffnet, die Steuerung zwischen 35 und 40% eingeklinkt, und es geht mit 16 atü Schieberkastendruck davon. 120–130–135 km/h zeigt der Deuta-Geschwindigkeitsmesser, stellenweise kommen wir auf 140. Nur an den Stellen, wo Geschwindigkeitsbeschränkung vorgeschrieben ist, wird die rasende Fahrt gedrosselt, aber sofort geht es wieder auf 130. In Stendal haben wir die 3 Minuten Verspätung aufgeholt. Heizer Bertram leistet mustergültige Arbeit. Das Feuerbett glüht schneeweiß und zeigt keine dunklen Flecken, es ist völlig unmöglich, vor der geöffneten Feuertür zu verweilen, die Hitze ist zu stark. Der Kesseldruck ist während der ganzen Fahrt niemals unter 17,5 atü gesunken, im Verbinder haben wir bis zu 6 atü Druck, und der Pyrometer zeigt die für die S 10^1 enorme Heißdampftemperatur von 410° an. Erst kurz vor Berlin wird die Geschwindigkeit verringert. Durch Spandau West dürfen wir nur mit 100 km/h fahren. Wir nähern uns Charlottenburg; das Vorsignal zum Ausfahrtsignal steht auf Halt, der Meister bremst bis auf 30 km/h herab. Ein Blick auf die Uhr zeigt uns den Grund, es ist 23.08 Uhr, wir sind 3 Minuten zu früh. In letzter Minute vor dem Halt geht das Hauptsignal auf Grün, doch ohne Eile rollen wir weiter. Um 23.14 Uhr, eine Minute zu früh, halten wir im Bahnhof Zoo. Heizer und Lokführer klettern sofort von der Lok herab, die Lager zu inspizieren, doch nirgends zeigt sich ein Heißläufer, alles ist in bester Ordnung. Dann kommt eine letzte Freude, Herr Michaelis übergibt mir die Lok, und ich darf den FD-Zug fahren. Doch als wir hochoben am Lehrter Bhf vorüberfahren, gebe ich sie wieder zurück – wegen des Bremsens. Im Bhf Friedrichstraße bedanke ich mich herzlich und verabschiede mich von den beiden Männern.

Zwischen Hannover Hbf und Charlottenburg haben wir 253 km in 138 Minuten zurückgelegt, das entspricht einem Reisedurchschnitt von 110 km/h, eine großartige Leistung der S 10^1, die ich nie vergessen werde. Und Oberlokführer Michaelis bestätigte mir hernach, daß keine 03 diese Leistung je hätte übertreffen können. Heute, nach über 37 Jahren, ist mir die Fahrt noch in allen Einzelheiten in Erinnerung, eine Fahrt auf der feinsten deutschen Schnellzuglokomotive, eine Erinnerung, die zu den schönsten meines Lebens zählt. Ich glaube, man muß erst viele Stunden auf einer amerikanischen Hudson, einer Niagara, auf einer K-4, einer T-1 verbracht haben, um ganz ermessen zu können, welch eine großartige Maschine die deutsche S 10^1-Schnellzuglokomotive gewesen ist.

Bayern und die anderen

Wer am Sitz einer preußischen Eisenbahndirektion geboren und aufgewachsen ist, wer von früh bis spät die Auspuffschläge einer P 8, G 10 oder T 16 oder sonst einer der bekannten Typen im Ohr hatte, der gerät wohl leicht in Gefahr, den preußischen Lokomotivbau überzubewerten. Die alten Preußen hatten sowieso dafür gesorgt, daß sich das Gros der Reichsbahnlokomotiven aus ihrer Typenvielfalt zusammensetzte. Denn nach dem Ersten Weltkrieg hatte man die in den anderen Bundesländern durch Abgabe an die Siegermächte aufgrund des Waffenstillstandsvertrags entstandenen Lücken mit preußischen Lokomotiven aufgefüllt. Diese gab es nach Abschluß der Kampfhandlungen in Überzahl, besonders die auch von den anderen Bundesländern beschafften G12 (Baureihe 58). Sie wurden sogar noch weiter gebaut, um in den Lokomotivfabriken Arbeitsplätze für die zurückströmenden Soldaten zu schaffen.

Und dennoch genoß die zentrale Lage meiner Heimatstadt Halle eine Reihe von Vorteilen. Daß von Nürnberg her die Maschinen der ehemals bayerischen Gattung S 3/6, Baureihe 18.4–5, fast täglich vor den Schnellzügen im Hauptbahnhof eintrafen, ja selbst über eine Reihe von Jahren im Betriebswerk stationiert waren, habe ich bereits mehrfach beschrieben. Doch auch das benachbarte Sachsen machte sich mit eigenen Lokomotivtypen bemerkbar. Da gab es während der dreißiger Jahre einen – wie man damals sagte – Personenzug aus Richtung Zeitz, der mit dem sogenannten „Rollwagen" bespannt war. Diese Bezeichnung habe ich erst später aus dem Munde sächsischer Eisenbahner gehört. Für mich galt die Lok als eine noch unbekannte Variante der Baureihe 38 (38 2–3). Mit fortschreitendem Alter ergänzte der Fahrradausflug ins benachbarte Leipzig das unvollkommene Wissen um die fremden Typen.

Doch an dieser Stelle soll zunächst der bayerischen Staatsbahn gedacht werden. Es darf als bekannt vorausgesetzt werden, daß die ehemaligen Länderbahnen am 1. 1. 1920 sämtlich an die neu gegründete Deutsche Reichsbahn übergegangen waren. Denn wenn von Abschied die Rede ist, dann muß er sich auch auf die heute fast gänzlich vergessenen Länderbahnlokomotiven beziehen. Wohl war die S 3/6 während der sechziger Jahre noch einmal in aller Munde, als die DB dreißig Maschinen dieser Bauart mit neuem Kessel ausrüstete. Aber wer denkt noch an die großen Vierzylinder-Verbund-Güterzuglokomotiven der Baureihen 56.9 und 57.5?

Freilich galten diese neuen Nummernreihen der Deutschen Reichsbahn in Bayern nicht viel. Es dürfte allgemein bekannt sein, daß man dort seine Bahn mit Drittel-, Viertel- und Fünftel-, ja sogar mit Sechstel-Lokomotiven betrieb. Und wer diese dort gängigen Bezeichnungen nicht gebrauchte, fiel in Ungnade und zog sich den Zorn aller bayerischen Eisenbahner zu, falls er nicht mit Verbannung aus allen Heizhäusern bestraft wurde.

Die bayerische Staatsbahnverwaltung hatte ursprünglich an die Führerhauswände der Lokomotiven das Achsverhältnis in Form eines Bruches angeschrieben. Besaß die Lokomotive drei gekuppelte Achsen, so erschien im Zähler eine drei. Handelte es sich um eine Maschine mit insgesamt sechs Achsen, also vorne ein zweiachsiges Drehgestell und hinten eine einzelne Laufachse, so gab es im Nenner eine sechs. Der einfache Maschinenmann las die Ziffern natürlich so, wie er es in der Schule gelernt hatte, nämlich drei sechstel, ohne groß zu überlegen, daß es ja heißen müßte drei zu sechs, also einfach dreisechs. Auf diese Weise kam es zu den mitunter sehr irreführenden Typenbezeichnungen wie G fünffünftel oder dreiviertel, bei den kleinen Nebenbahnmaschinen die Zweitel nicht ausgenommen. Nun wenigstens die S, P, G und dazu das L für Lokalbahnloks gaben keinen Anlaß zu Fehldeutungen und schufen Klarheit in der Vielfalt der Bruchrechnung.

Doch hier soll keine Kritik geübt werden, nichts liegt uns ferner als eine liebe Marotte zu belächeln. Im übrigen ist das alles Historie. Der bayerische Eisenbahnfreund muß lediglich dem Preußen gestatten, die Bezeichnungsweise entsprechend ihrem ursprünglichen Sinn zu lesen, also G dreivier für eine besonders beliebte und tüchtige Lokomotivbauart (Baureihe 54. 15–17.

In Bayern begann bekanntlich die deutsche Eisenbahngeschichte, aber Sachsen folgte alsbald nach. Es hängt allerdings nicht mit jenen frühen Jahren zusammen, daß die Bayerische Staatsbahn über eine ganze Anzahl vorzüglicher Lokomotiven verfügte. Vielleicht kam hier das Können tüchtiger Lokomotivbauer mehr als anderswo zur Entfaltung. Bayern bezog seine Loko-

Bayerische Vierzylinder-Verbund-Güterzuglokomotive der Klasse G 5/5, DR-Nr. 57 543; sie wurde in Treuchtlingen fotografiert. (Foto Maey)

motiven fast ausschließlich von den heimischen Fabriken J.A. Maffei und Georg Krauß, beide in München. Um die Jahrhundertwende galt die Verbunddampfmaschine als Optimum wirtschaftlichen Betriebes, da die doppelte Dampfdehnung beste Ausnützung der den Zylindern zugeführten Wärme und Kohlenersparnis erbrachte. Nicht nur in Bayern, vielmehr überall dort, wo die Kohleversorgung auf lange Transportwege angewiesen war und somit hohe Frachtkosten (für Ruhrgebietskohle Frachtbasis Oberhausen) erforderte, griff man zur doppelten Dampfdehnung. Bayern und das benachbarte Baden waren die ersten deutschen Bahnen, die auch Güterzuglokomotiven mit Vierzylinder-Verbund-Triebwerk ausrüsteten. Später kam noch Württemberg hinzu. Das selbst noch nach Einführung des Heißdampfes, der bereits eine Leistungssteigerung bewirkt hatte.

Wer von den älteren Eisenbahnfreunden kann sich noch an eine derartige Güterzuglokomotive erinnern, jetzt von einer der beiden Versuchslokomotiven 44 011 und 012 abgesehen? Ich bekenne stolz: Ich bin das. Sogar aus nächster Nähe! Es kam so: Ende

1940, also mitten im Zweiten Weltkrieg, lagen wir mit unserer „Einheit", so nannte man seinen Truppenteil, in der Kaserne in Ludwigsburg-Oßweil. Mein Kamerad Hans Kurz war eben frisch beförderter Reichsbahninspektor geworden und zugleich ein begeisterter Dampflokfreund. Er lud mich zu einem Sonntagsurlaub in seine Heimatstadt Treuchtlingen ein, denn es hatte schlechte Nachricht gegeben: Die Deutsche Reichsbahn wollte die Treuchtlinger G-5/5-Güterzuglokomotiven der Baureihe 57.5 ausmustern. Einige Maschinen sollten allerdings nach Rosenheim abgegeben werden. Also letzte Gelegenheit, diese bayerischen „Riesen" noch zu inspizieren. Freilich ging viel Zeit für die Bahnfahrt drauf, aber der Leser wird nachempfinden können, daß ich solch einmalige Gelegenheit unbedingt ergreifen mußte. Und es wurde ein einmaliges Erlebnis!

So habe ich diesem lieben Menschen zu verdanken, die geheiligten Hallen eines bayerischen Lokschuppens betreten zu können.

Ein fast weihevoller Augenblick, als wir eintraten! Da standen sie nun, die nie zuvor gesehenen Maschinen. Die meisten kalt, wie man sagt. Eine G 5/5 – ich wähle mit Vorbehalt die Ausdrucksweise meines Kameraden, also eine G fünffünftel – stand unter Dampf und sollte alsbald aus dem Haus fahren, einen Güterzug zu übernehmen. Der Leser wird heute schwer nachfühlen können, was es heißt, vor einer Vierzylinder-Verbund-Güterzuglok zu stehen. Sie war ja von ganz anderer Konstruktion als etwa die Lokomotiven der Reihe 50 oder 01. Sie besaß einen Barrenrahmen, der Kessel lag relativ hoch über den Rädern, die nur einen Durchmesser von 1270 mm aufwiesen. Man konnte bequem das Triebwerk studieren, ohne sich auf die Zehen stellen zu müssen, und die hervorragende Konstruktion bewundern. Ölig glänzten die inneren Gleitbahnen; die Treibstangen wirkten auf die dritte Achse, es handelt sich also um einen Einachsantrieb. Und ein kleines Dampffähnchen kräuselte aus den Zylinderhähnen.

Hans Kurz – wir nannten ihn einfach Hansi – tat ein übriges. Er sprach mit dem Lokführer. Und da in Treuchtlingen jeder jeden kannte, durften wir auf den Führerstand und mit zum Zug fahren. Nun, es war keine große Reise, wir rückten aus dem Haus auf die Scheibe, drehten, um dann rückwärts Richtung Gütergleise zu fahren. Zwei, drei kräftige Auspuffschläge, dann Steuerung eingezogen, die Maffeische Anfahrvorrichtung wirkte, die auch den Niederdruckzylindern Dampf zuführte. Nur mit einem leisen

Die 59 035, ehemals württembergische Klasse K, gehörte nach dem Anschluß Österreichs zum Bw Mürzzuschlag und wurde dort am 28. 5. 1942 aufgenommen. (Foto Bellingrodt)

Hauch entwich der Abdampf dem Schornstein. Übrigens handelte es sich hier um die gleiche Anfahrvorrichtung wie auch bei der späteren 18.6 Lokomotive, die am ehesten noch bekannt sein dürfte.

Am Güterzug hieß es absteigen, es war dort nicht mehr so ganz geheuer. In jenen Jahren hieß es vorsichtig zu sein, die Spionagefurcht wurde staatlicherseits geschürt. Hansi war wenigstens Eisenbahner, aber ich? Was hatte ich vorzuweisen außer meinem Truppenausweis? Also bedankten wir uns bei dem netten Lokführer und trollten uns davon. Es hat uns zum Glück niemand bemerkt.

Nach einer kleinen bayerischen – besser fränkischen – Brotzeit, wagten wir es, nochmals den Lokschuppen zu besuchen. Es gab dort einige 18.4-Maschinen, deren Besichtigung ich mir nicht entgehen lassen konnte. In Treuchtlingen waren die ältesten Vertreter dieser Bauart stationiert, jene mit Windschneidenführerhaus, zum

Teil auch ohne Kranzschornstein. Selig der Mann, der einmal im Leben Gelegenheit bekommt, auf den Führerständen dieser Bauart sich als Lokführer zu wähnen und den Regler anpacken zu können. Es waren herrliche Stunden in Treuchtlingen, und Hansi, der mir diesen Besuch ermöglicht hatte, sei noch einmal in Dankbarkeit erwähnt.

Der Zufall hat es noch einmal gut mit mir Eisenbahnnarren gemeint. Im Februar 1941 machte sich ein langer Truppentransportzug auf den Weg nach Süden. Man hatte beschlossen, wir sollten in Afrika das Vaterland verteidigen. Der Zug lief über München, Wien und dann auf die Semmeringbahn. Es ging auf den Abend, die „Landser" schliefen zumeist, als wir in einem Bahnhof am geschlossenen Signal halten mußten. Ich weiß nicht mehr, ob es die Station Semmering oder Mürzzuschlag war. Jedenfalls schaute ich aus dem Fenster und fuhr verdutzt zurück: In gleicher Höhe, nur zwei Gleise weiter stand er, der Koloß der deutschen Länderbahnen, die ehemals württembergische Klasse K, Baureihe 59. Die Abendsonne beschien sie in fast romantischer Färbung. Eine Dampflok mit sechs gekuppelten Achsen, also mit sechs Treibrädern auf jeder Seite, das war ein einmaliger Anblick. Die württembergische K war nach dem Anschluß Österreichs auf die Semmeringstrecke gekommen, wo sie wegen ihrer geringeren Achslast von nur 16 t wertvolle Dienste leisten konnte. Noch heute, nach so vielen Jahren sehe ich sie vor mir, ein unvergessenes Bild.

Jene Baureihe 59, die mir der Zufall vorgeführt hatte, stellte 1916 die größte deutsche Güterzuglok dar, von dem österreichischen Unikat der Reihe 100 abgesehen. Diese Maschinen entstanden alle als Folge des wirtschaftlichen Aufschwungs zu Beginn des Jahrhunderts. Das Verkehrsaufkommen erlebte einen Anstieg ohnegleichen, mit dem die Bahnen Schritt halten mußten. Im Hinblick auf den damals noch schwächeren Oberbau gestatteten die Fünf- und Sechskuppler, trotz einer zulässigen Achslast von nur 16 t, enorme Kräfte zu entwickeln. In Sachsen war man in dieser Hinsicht zögerlicher und erprobte die Klasse XI in verschiedenen Varianten als Naßdampf-, Heißdampfzwillings- und Verbundmaschine. Gesiegt hat letzten Endes nach dem Ersten Weltkrieg die einfachere Bauart ohne Verbundwirkung in ihrer zwei- und dreizylindrigen Variante, ganz besonders nachdem der Heißdampf Allgemeingut geworden war. Unsere späteren schweren Güterzugmaschinen der Baureihen 43, 44 und 50 sind noch heute bekannt und Zeugen jener Entwicklung. Die leitenden Männer des Maschinenwesens der Deutschen Reichsbahn, allen voran ihr Dezernent R.P. Wagner sowie seine Nachfolger im Amt, favorisierten alle die einfache Bauart. So ist es bis zum Ausklang der Dampfzeit geblieben. Eine Ausnahme widerlegte allerdings die geltende Meinung, nämlich die bayerische S 3/6 nach Ausrüstung mit neuem Kessel im Jahre 1953. Diese 18.6-Loks erbrachten auf Versuchsfahrten Leistungen, die sie der vielgerühmten 01 ebenbürtig machten, und das trotz geringerer Dimensionen. Doch auch das sind Vorgänge, die längst zu den Akten gelegt wurden.

Der Verfasser wollte nur eins, an eine Bauart erinnern, die so wenig spektakulär war, stets im Schatten der großen Verbund-Schnellzuglokomotiven S 3/6 und IV h stand, trotzdem aber zu einem der interessantesten Kapitel deutschen Lokomotivbaus gehörte. An Leistung übertrafen sie bei weitem die preußische G 10. Nie hat jemand ein Loblied auf diese schönen Maschinen gesungen. In der Literatur werden sie stets nur unter anderem erwähnt. Gewiß, ihr kompliziertes Triebwerk erforderte höhere Unterhaltungskosten, welche die Kostenersparnis bei der Kohleanfuhr fast aufwogen. Letztlich sind sie in relativ großer Stückzahl gebaut worden. Das hing aber mit ihrem Einsatz im Ersten Weltkrieg zusammen, der leistungsfähige, aber nicht zu schwere Maschinen erforderte. Eine Dezimierung trat dann durch die bereits erwähnte Abgabe an die Siegermächte aufgrund der Waffenstillstandsbedingungen ein. Nach dem Zweiten Weltkrieg verschwanden sie innerhalb kurzer Zeit alle von der Bildfläche.

Geblieben sind ein paar Fotos, die vielleicht einen schwachen Abglanz einstiger Größe widerspiegeln. Für den Verfasser aber gehört Treuchtlingen zu den markantesten Gedenkstätten seines Lebens.

Die großen deutschen Vierzylinder-Verbund-Güterzuglokomotiven

DR-Baureihe	Länderbahn-Bezeichnung	Bauart	Baujahre	Stückzahl
56.7	bad VIII e	1'D h4v	1908–15	70
56.8–11	bay G 4/5 H	1'D h4v	1916–19	230
57.5	bay G 5/5	E h4v	1911–24	95
59	württ K	1'F h4v	1917–24	44

Romantik einmal anders

Wer während des Sommers nach Nürnberg reist, um dort an einer der Dampfzug-Sonderfahrten in die Fränkische Schweiz teilzunehmen, oder wer das Glück genießt, anderweitig der Fahrt einer privaten Dampfeisenbahn beizuwohnen, der bewundert sie wahrscheinlich noch immer, jene Männer vom Führerstand, wenn auch heute wenige das Geschäft professionell betreiben. Es sind wohl nur noch die ganz Alten unter uns, deren Jugendtraum dem Lokführerberuf galt. Gegenwärtig versieht der Lokführer seinen „Job" weitgehend anonym und ist kaum noch zu sehen, wobei die Männer von ICE erst recht geheimnisvoll unsichtbar erscheinen. Es ist der Lauf der Welt, daß das Bessere an die Stelle des Guten treten muß. Die Vorzüge der modernen Eisenbahn möchte niemand missen, sofern er überhaupt noch den Wert des Schienenverkehrs zu schätzen weiß.

Um so mehr verwundert es, daß die alte Dampfeisenbahn heute als „romantisch" bezeichnet wird, wobei niemand genau weiß, worin denn eigentlich diese Romantik besteht. Wir könnten sie vielleicht noch am ehesten nachempfinden, gäbe es noch die vielen Kleinbahnen aus der ersten Hälfte dieses Jahrhunderts, denn dort verlief der Betrieb tatsächlich mit einer gewissen Gemütlichkeit, die Mannschaft konnte alt werden auf ihrem kleinen Lokomotivchen. Doch wo sonst?

Es liegt wohl im menschlichen Wesen begründet, entweder an die Zukunft oder rückwärts an die Vergangenheit zu denken und etwas zu verklären, was die mehr oder weniger unbefriedigende Gegenwart nicht mehr zu bieten vermag. Da wird der Ältere noch an seine Vorfahren denken, die Ende des letzten Jahrhunderts noch nichts von Dampflokromantik wußten, vielmehr die Eisenbahn als etwas Bedrohliches empfanden, das den technisch unerfahrenen Sinn des einfachen Menschen verwirrte. So kreisen die Erzählungen der Vorväter noch um die gute Postkutschenzeit, die sich auch in der Literatur als „romantisch" niedergeschlagen hat. Da trabte das Postgespann fröhlich übers Land, die Pferde wieherten übermütig, und der „Schwager" – auch Postillion genannt –

blies eine lustige Weise auf seinem Horn oder gab eines der markanten Signale zum besten, während die Reisenden sich ob des Fortschritts ihres Beförderungsmittels freuten. Welche Verlogenheit spricht aus solcher Scheinromantik! In Wirklichkeit lagen die Dinge ganz anders. Vergessen sind die schlechten Straßen, auf welchen die Reisenden durchgeschüttelt wurden, vergessen die Enge in der „Chaise". Kein Mensch denkt noch daran, wie es dem Postillion zumute gewesen sein muß, wenn er erkältet und fiebernd auf seinem Kutschbock saß, den Alltag durchstehend, denn Kranksein konnte er sich nicht leisten; es gab keine Krankenkasse und keine Lohnfortzahlung. Zu Hause warteten hungernde Münder auf ihr tägliches Brot. Regen, Schnee, Unwetter, Blitz und Donner – derartige Begriffe paßten nicht in das Bild eines solch idealisierten Zustandes.

Denken wir heute anders? Thronte der Dampflokführer nicht turmhoch erhaben über dem Rest der Menschheit auf dem Führerstand seiner Lok? Auch wir vermögen nicht mehr zu ermessen, welche Schwierigkeiten damit verbunden waren, das Dampfroß am Laufen zu halten oder besser gesagt, erst mal zum Laufen zu bringen. Und was waren das für Menschen, die wir einstens bewunderten, die doch alsbald froh waren, dem permanenten Dreck, Qualm und Ruß entrinnen zu können und dafür im sauberen Führerhaus einer Diesellok oder einer elektrischen Maschine sitzen zu dürfen?

Wenn ich als Bub während der Schulferien bei den Großeltern zu Besuch weilte, da ist mir noch heute ein Ereignis gegenwärtig, welches mich das Fürchten lehrte. Die Großeltern besaßen einen Bauernhof mit Feldern, deren Korn nach der Ernte in die Scheuer eingefahren wurde. Ja, und dann weckte eines Tages in aller Morgenfrühe schweres Gerumpel, Stimmengewirr und Maschinenlärm den jungen Schläfer, der klopfenden Herzens ans Fenster trat, um das dramatische Geschehen zu beobachten. Die Dreschmaschine wurde über den Hof in die Scheune geschoben von – ja, von einem schwarzen, qualmenden Ungeheuer mit einem langen Schlot, einem kreisenden Schwungrad und auf dem Kessel arbeitenden Hebelwerk, das der Großvater als Dampfzylinder mit Pleuelstangen beschrieb. Nicht nur die Maschine erschreckte, sondern genauso das Individuum, das hinten auf einer Art Blechkiste stand, schwarz wie der Teufel im Gesicht, es fehlten nur noch die Hörner. Der Großvater trug alsbald ein Brettchen mit Brot, Wurst Geselchtem und Schnaps hinaus, auf daß sich dieses schwarze

An der ehemals bayerischen G 3/4 H werden hier im Bw Hof kleinere Reparaturen ausgeführt. Das waren beliebte und vielseitig einsetzbare Maschinen.

Wesen vor Beginn der Arbeit stärken konnte. Dann wurde der Treibriemen um das Schwungrad der „Lokomobile" gelegt und mit dem Treibrad der Dreschmaschine verbunden. Der Maschinist öffnete den Regulator, dann rasten die Dampfkolben mit ihren Treibstangen los und setzten den Dreschmaschinismus in Bewegung. Von Zeit zu Zeit knallte der Mensch mit der Schaufel Kohle ins Feuerloch des Kessels, füllte Wasser nach, um alsdann mit der Ölkanne bewaffnet um sein Fuhrwerk zu schauen. Schwarzer Qualm lagerte sich derweilen über das Gehöft und verräucherte Nachbarhäuser und Gassen. Der Begriff Umweltschutz war noch nicht erfunden.

Finstere Gestalten zogen manchmal als Maschinisten durch die Lande, um abends im Gasthof des Dorfes bei Bier und Schnaps das große Wort zu führen. Denn zu jener Zeit galt der Maschinist noch als jemand, der sich durch seine technischen Kenntnisse erheblich vom normalen Sterblichen unterschied. Auch die Dampfpflüge, die es noch bis in die fünfziger Jahre dieses Jahrhunderts hinein gab, sind längst vergessen. Das waren zwei starke Lokomobilen, die an einem Seil den Pflug über das Feld hin und her zogen. Ein solch relativ großer Aufwand lohnte sich nur zu einer Zeit, als Kohle und Löhne billig waren.

Selbst damals habe ich noch nicht finden können, was an den alten Maschinen und ihren Betreuern romantisch sein sollte. Und wer jemals auf dem Führerstand einer Dampflokomotive gestanden hat, der wird mir erst recht zustimmen, daß es ein verdammt harter Beruf war. Weniger der des Lokführers als der des Heizers. Doch der Lokführer hatte ja auch einmal als Heizer seine Laufbahn begonnen, hatte sich unter einem verständnislosen „Meister" – so hieß der Lokführer früher – gequält, bis er selbst als Reservelokführer den Regler bedienen durfte und in gleicher Weise den armen Heizer schurigeln konnte.

Vielleicht rührt der Zustand, die Dampfeisenbahn in romantischer Verklärung zu betrachten, aus der Tatsache her, daß wir Normalverbraucher fast nur mit den Reisezugmaschinen zusammengetroffen sind. Auf dem Bahnsteig haben wir sie samt ihrer Führer und Heizer bewundert. Aber eben die Begegnung mit den Maschinen sozusagen hautnah oder beim Spaziergang der Blick auf den dahinrasenden Zug auf freier Strecke, das ist es doch, was unsere Vorstellungswelt prägt. Wer denkt an die vielen Güterzug- und Rangierlokomotiven, die doch das Gros der Fahrzeuge überhaupt erst ausmachten. Es gab Tausende davon, auf denen Tausende von Lokführern und Heizern ihren Dienst versahen, von denen nie jemand sprach und die ihren Beruf alles andere als romantisch auffaßten. Vielmehr fluchten sie und waren froh, die Kohlenschaufel in die Ecke zu stellen und sich endlich einen sauberen Kittel anziehen zu dürfen.

Führerstand oder Führerhaus, so nennt man das kleine Kabüffchen hinter dem Kessel einer Dampflokomotive. Es war in seinen Abmessungen etwa auf normale Körpergröße abgestimmt. Stand ein sogenannter langer Lulatsch darauf, gab es schon die ersten Konflikte. Dauernd hieß es den Kopf einziehen. Bekannt war das frühere sächsische Führerhaus als Mützenkiller. Wie viele Lokmänner sich beim Hinauslehnen die Mütze vom Kopf gestoßen haben, wird wohl nie statistisch ausgewertet werden können. War der Meister klein und dick, gab es Probleme anderer Art. Dann mußte ein Fußbänkchen her, auf daß er die nötige Übersicht behielt. Von besonderer Tücke waren manche Tenderlokomotiven, die sich durch drangvolle Enge auszeichneten. Es ging ja darum, daß der Heizer mit der Kohlenschaufel in gewissem Umfang ausholen mußte, um die Kohle auf alle Ecken des Rostes zu füllen. War der Raum zu klein bemessen und die Schaufel zu groß, knallte er beim Ausholen mit den Knöcheln gegen die Wand des Kohlenbehälters. Ähnlich geschah es auch bei den Zwergen des Schienenstrangs, die ihre Kohlenvorräte links neben dem Kessel liegen hatten.

Schwerarbeit gab es auch zu leisten bei den Maschinen mit den großen Rosten, deren Fläche bis zu fünf Quadratmeter betrug. Da hieß es, mit beträchtlicher Kraftanstrengung genau zu zielen. Welche Probleme der Körperbau des Maschinisten mit sich brachte, zeigt jenes seinerzeit vielbelächelte Geschehen, als auf einer 01-Lok die Dampfpfeife klemmte, der korpulente Meister ihr mit dem Hammer zuleibe rücken wollte, sich aber zwischen dem Windblech und dem Kessel regelrecht festklemmte und erst durch den Zug und den Schub helfender Hände wieder flottgemacht werden konnte. Als ein fragwürdiges Kapitel galten die Mehrzylindermaschinen. Mochte es bei drei Zylindern gerade noch angehen, so hörte die Freundschaft der Lokmänner bei Vierzylinder-Verbundloks gänzlich auf. Die Wartung des Innentriebwerks erforderte in manchen Fällen die Gewandtheit eines Schlangenmenschen, ganz besonders bei der Bauart mit Zweiachsantrieb und nach vorn verschobenen Innenzylindern. Diese Bauart feierte nur in Frankreich Triumphe.

Die Feuerung zu besorgen zählte bei der in der früheren DDR anfangs üblichen Braunkohlefeuerung mit ihrem geringen Heizwert und hohen Ascheanfall als eine Art Vorstufe zur Hölle. Die Loks der Baureihe 44 mußten mit zwei Heizern gefahren werden. Oft kam es vor, daß auf freier Strecke gehalten und der Rost gekippt werden mußte, um überhaupt wieder Luft ans Feuer zu bekommen. Wer denkt heute noch daran, welch „romantisches" Vergnügen es bedeutete, mit der Schaufel die Rauchkammer von Lösche und Asche zu reinigen, besonders bei starkem Wind. Waren das Dinge, die eventuell noch von Außenstehenden beobachtet werden konnten, so spielte sich manch kleines Drama nur im engsten Kreis zwischen beiden Männern ab: das sogenannte Dampfmachen oder Dampfkochen. Es konnte geschehen, daß die Kohle nichts taugte, daß die Lok eine überschwere Anhängelast zu schleppen hatte, daß eine Steigung genommen werden mußte und es keinen Vorspann oder Nachschub gab. Dann trat das ein, was stets als Alptraum über den Maschinenmännern schwebte, nämlich Dampfmangel. Und das passierte selbst so alten und be-

rühmten Routiniers wie „Vater Brade" auf Lok 61 001. Wir konnten auf großen Bahnhöfen beobachten, daß der Heizer bereits vor der Einfahrt den Kessel hochgeheizt hatte und das Kesselsicherheitsventil kurz vor dem Abblasen stand, denn das Anfahren eines schweren Zuges bei voll ausgelegter Steuerung kostete Dampf und nochmals Dampf.

Und hier das Markenzeichen der DDR, der mächtige Kohlenstaubtender, der Lok 17 1198 angehängt. Die Kohlenstaubfeuerung nach System Wendler spielte im Osten eine wesentliche Rolle. Der Umgang mit ihr galt allerdings als nicht sehr romantisch. (Foto Otte)

An dieser Stelle ist weiterhin von einer ganz unromantischen Seite auf dem Führerstand zu berichten. Früher, insbesondere vor dem Ersten Weltkrieg, rekrutierte sich ein großer Teil des Eisenbahnpersonals aus sogenannten Militäranwärter. Damit sind „längerdienende" Soldaten aus Heer und Marine gemeint, die sich beim Ausscheiden einen Zivilversorgungsschein erworben hatten und damit Anwartschaft auf Wiederbeschäftigung im Staatsdienst nachwiesen. Von ihrer Kommißzeit her waren diese Leute gewöhnt, Untergebene zu haben. Und da es auf ihrer Lok leider nur den Heizer als einzigen Untertanen gab, mußte der arme Kerl allein die Launen seines Herrn und Meisters aushalten. Nennen wir getrost dieses Übel der Dampflokmannschaft. Es gab unter ihnen ausgesprochene Schinder, für die der Heizer den Kuli, den letzten Dreck darstellte. Diese Männer hätten eher den Zug stehen lassen, als nur ein einziges Mal die Schaufel anzupacken, das lag unter ihrer Würde. Ein guter Lokführer versuchte stets durch sparsamen Dampfverbrauch die Arbeit seines Heizerz zu erleichtern. Er sagte ihm beizeiten, wenn der Regler zugemacht wird, damit er nicht eine Schaufel zu viel aufzuschippen brauchte. Eine eingespielte Mannschaft bedurfte gar keiner Worte.

Berichten wir von einem weiteren Kapitel, das sich ebenfalls kaum unter Dampflokromantik einordnen läßt, nämlich die Arbeit im Bahnbetriebswerk. Den dort beschäftigten Lokomotivschlossern ist nie ein Loblied gesungen worden. Ihnen oblag die Aufgabe, das Dampfroß stets betriebsbereit zu halten sowie Reparaturen bis zu einem gewissen Umfang selbst auszuführen. Aber gerade hierbei gab es eine lange Liste von Arbeiten, die unter den Begriff Schinderei fielen oder körperliche Schäden verursachten, gequetschte Finger, Blutergüsse, wenn nicht Schlimmeres. Vielleicht kann der eine oder andere Leser aus der Nennung einiger besonders mißliebiger Tätigkeiten ein Bild davon gewinnen, was auf die Schlosser im täglichen Einerlei zukam. So mancher Handgriff wurde in der Fäkalsprache kommentiert.

Das fing schon damit an, den Tender von der Lok abzukuppeln. Die Kupplungsbolzen mußten von unten mit dem Hammer nach oben herausgeschlagen werden, und das bei jeder Menge Dreck! Da mußte das Bremsgestänge ausgebaut werden, doch es stand unter Spannung. Ähnliches bei den Ausgleichshebeln. Zwei oder drei Mann waren nötig, die Treibstange abzunehmen, die Stangenlager wurden mit der Handpresse herausgedrückt. Da galt es, die eingerosteten Bremsklötze zu wechseln, es mußten Federn erneuert werden. Da hieß es, den Injektor, also die Dampfstrahlpumpe unter Dampf auszubauen oder die Pumpen oder die Lichtmaschine. Da mußten am Hinterkessel Rohre gedichtet werden, und, und, und! Was gab es doch alles für miese Arbeiten. Und das schlimmste Geschäft mußte immer derjenige besorgen, der zuletzt in der Arbeitsgruppe eingetreten war. Wie sagte mir einmal ein Schlosser? „Eine Dampflok zu fahren, das ist doch geradezu lächerlich einfach!"

Um nun den letzten Dampflokromantiker nicht ganz ob des eben Gesagten zu verschrecken, soll noch eine kleine Begebenheit ausgeführt werden, die einigen Anlaß zum Schmunzeln bieten

Nahverkehrszug Hamburg – Büchen/Zonengrenze verläßt den Bahnhof Reinbek 1964. Es führt eine Lok der Baureihe 78.

mag. Es passieren mitunter kuriose Dinge auf dem Führerstand, und die alten Fahrensmänner sind des Erzählens voll davon. Man braucht sie nur in ihrem Schrebergarten oder auf der Parkbank anzusprechen. So geschah es auch etwa Ende der fünfziger Jahre im Hauptbahnhof Würzburg. Die Namen der beteiligten Personen haben wir diskret verschwiegen. Es soll nicht im nachhinein eine Spöttelei provoziert werden.

Da brachte also eine Fuldaer Lokomotivmannschaft mit ihrer Lok der Baureihe 41 den Eilzug Fulda-Würzburg zum Zielort. Man war ins Bahnbetriebswerk gedampft, hatte dort die erforderlichen Arbeiten vorgenommen, die Lok für den Rückweg gedreht und plante eben eine kurze Vesperpause einzulegen, als der diensthabende Beamte angerast kam: „Sofort zum Bahnsteig vorziehen und den D Soundsoviel übernehmen. Dessen Lok muß wegen Schadens ausgesetzt werden!" Lokmänner sind allerlei gewöhnt. Dann eben hinauf auf den Führerstand und den Regler angepackt.

Ein „beeilt euch wegen der Verspätung!" rief man ihnen noch nach. Die Signale gaben bereits das Bahnsteiggleis frei. Also durch den Bahnhof hindurch und rückwärts an den Schnellzug gesetzt. Dessen 01, Ursache des Dramas, stand weit draußen im Vorfeld. Alles rief zur Eile, denn die Anschlüsse in Bebra und Hannover mußten gewahrt werden, es ging um den Schnellzug München-Hamburg. Die Fuldaer Mannschaft hatte noch nie einen Schnellzug auf ihrer „Heimstrecke" gefahren, man war etwas unsicher, hinzu kam die Hektik von Aufsichtsbeamten und Zugführer. Also Bremsprobe. Schon kam der Zugführer mit dem Bremszettel und rief kurz zum Lokführer hinauf: „Erster Halt in Gemünden!" Gut und schön – aber wie weiter? Das Abfahrtszeichen wurde gegeben, mit voller Kraft dampfte die 41er los und verschwand alsbald in Richtung Veitshöchheim. Ja, aber der Buchfahrplan? Der hing gemütlich in der Halterung am Stehkessel der 01!

Nun, für die Fahrtstrecke ergab das keine Probleme. Die Männer aus Fulda kannten den Weg in- und auswendig, vom Eilzug her auch die vorgeschriebenen Geschwindigkeiten. Doch wo halten? Wo hält normalerweise ein Schnellzug auf dieser Strecke? Geheuer war es ihnen nicht, und es kam auch, wie es kommen mußte – so würde es im Billigroman geheißen haben. In Gemünden gab es nur einen kurzen Halt, die Zugbegleiter standen ganz hinten am Zug, kein Aufsichtsbeamter zu sehen. Pfiff und Abfahrt! Die Frage stand im Raum: hält ein Schnellzug in Jossa oder nicht? Beide hatten keine Ahnung. Güter-, Personen-, höchstens mal ein Eilzug, damit erschöpfte sich ihr Tagwerk. Man beschloß, mit gedrosselter Geschwindigkeit Jossa anzufahren und sich nach der Stellung der Signale zu richten, ob sie Halt oder Durchfahrt zeigten.

Gesagt, getan. Jossa kam heran, beide Männer lehnten weit aus den Fenstern, was machte das Signal? Der Flügel zeigte schräg nach oben, und soeben klappte auch das Vorsignal, welches bekanntlich die Stellung des Ausfahrtsignals angibt, auf Frei. Klarer Fall, Durchfahrt! Regler auf, Steuerung ausgelegt, schneller und schneller tobte die 41er voran, und mit Volldampf donnerte der Schnellzug München-Hamburg durch den Bahnhof Jossa!

Der Bahnsteig, schwarz von Menschen! Viele Kurgäste aus dem benachbarten Bad Brückenau wollten mit diesem Zug ihre Heimreise antreten. Dazu kamen eine Menge Ausflügler in Anbetracht des schönen Wetters.

Hei, muß das ein Bild gewesen sein! Der Bahnsteig voll wartender Reisender, die mit verdutzten Gesichtern ihrem vorbeibrausenden Zug nachschauten. Der Leser wird sich in die Situation hineindenken können und auch den Schreck der Lokomotivmänner nachempfinden, die nun nicht wußten, was sie machen sollten. Halten ging nicht mehr, also weiter und weiter – Fatalismus herrschte im Führerhaus.

Machen wir es kurz. Die Fahrgäste aus Jossa mußten mit Bussen nach Fulda gebracht werden, unsere Helden von der 41 erwartete ein Riesendonnerwetter und obendrein ein wieherndes Gelächter im Bw. Denn wer den Schaden hat, braucht für den Spott bekanntlich nicht zu sorgen. Lassen wir es mit diesem kleinen Erlebnis bewenden. Gehört es auch in das Kapitel der vielzitierten Eisenbahn- und Lokomotivromantik? Wir wissen es nicht, ein jeder mag selbst entscheiden. Es gibt ja wie in jedem Beruf auch unter den Lokmaschinisten Männer, die ihren Taten nachtrauern. Die Schattenseiten verblassen im Laufe der Jahre, das Positive erfährt mehr und mehr Verklärung, und so mancher Fahrensmann, der es nicht weiter als bis zum Führer einer 55 oder 94 gebracht hat, dünkt sich im Alter als ein Heros des Schienenstranges.

Dampflokromantik – was ist es also? Für uns heute nur das eindrucksvolle Erlebnis einer arbeitenden Dampfmaschine, bei welcher das Zusammenspiel der Urkräfte Feuer und Wasser Gestalt angenommen hat und unser Gemüt zutiefst beeindruckt. Und für die Maschinisten? Wenige haben Verständnis für diese Bewertung, die meisten sind froh, dieses Kapitel ihres Berufs hinter sich gelassen zu haben. Und doch gibt es sie, die Ewiggestrigen, die davon träumen, noch einmal den Regler ihrer Maschine zu betätigen und in den Frühlingsmorgen hineinzudampfen. Sie, die an all die kleinen lustigen Erlebnisse denken, die es zweifelsohne gab, die einem netten Kameraden nachtrauern, mit dem sich Pferde stehlen ließen. Kurzum all jene, deren Fazit des Berufes in den Worten gipfelt: Es war eine schöne Zeit!

Heizer wider Willen

Die letzten Apriltage des Jahres eintausendneunhundertundfünfundvierzig kamen heran. Jenes Inferno, unter welchem ein Volk beim Klange Liszt'scher Posaunen von Siegesmeldung zu Siegesmeldung jauchzte, verebbte allmählich, verging wie der Rauch über einem schwelenden Müllhaufen. Wir waren als letztes Aufgebot ausersehen gewesen, die russische Dampfwalze unweit des Dorfes Neu-Petershain in der Lausitz zum Halten zu bringen. Die Generalität hatte uns solchen Behufes halber in einen nahegelegenen Wald postiert, wo wir die Geschütze strategisch so genial aufbauten, daß sie zwei Waldschneisen gleichzeitig beschießen konnten. Doch der Feind hielt offenbar nichts von einsamen Waldwegen, er zog die bequeme Straße vor mit dem Ergebnis, daß wir außer näher kommendem Geschützdonner und seinem langsamen Entfernen nichts von jenem weltpolitischen Tage spürten, der als Ende des Tausendjährigen Reiches in die Geschichte eingegangen ist.

Kriegsschluß also, ein Begriff, an den niemand so recht glauben wollte, er war zu neu, und man wußte auch nicht, was nun weiter geschähe. Ratlosigkeit machte sich breit, sie führte zu dem verzweifelten Entschluß, sich bei Nacht und Nebel „zu den Amis" durchzuschlagen.

Nun es geht hier nicht um Abenteuer, vielmehr um Lokomotiven und Führerstände. Das Kriegsende überraschte mich mit einer wenn auch fatalen Begegnung mit ihnen, so daß ich notgedrungen jene Tage als Vorgeschichte erwähnen muß.

Das Durchschlagen ging mehr schlecht als recht; nachdem der Haufen immer kleiner geworden war, liefen wir in Mühlberg an der Elbe dem „Iwan" direkt in die Arme. Aus dem drängenden Wunsch, den Krieg zu Hause bei Muttern zu beenden, wurde nichts. In Marschkolonne ging es zurück, eine geschlagene Herde Mensch, die so tief getroffen war, daß sie sich von zwei russischen Bewachern über viele Kilometer hinweg führen ließ, ohne einen Mucks von sich zu geben.

In Senftenberg kam wieder Ordnung in den Haufen. Ein deutscher Zahlmeister übernahm das Kommando, der als erstes eine kernige Ansprache hielt und uns klarmachte, daß wir den Russen nun mal zeigen müßten, daß wir deutsche Soldaten seien. „Links – zwei – drei – vier – ein Lied!" Endlich wurde es zackig, die müden Knochen stampften im Takt, und einhundertfünfzig Kehlen verkündeten den Siegern, daß auf der Heide ein kleines Blümelein blühe, Erika genannt. Einhundertfünfzig singende Tröpfe, zwei Mann genügten als Bewachung – tiefer konnte ein Volk nimmer sinken. Ich hatte mir unter dem Kriegsende etwas anderes vorgestellt, die Sache wollte mir nicht gefallen, schon gar nicht das Marschieren und Singen. Ich hatte das lange genug geübt und vermochte nicht einzusehen, warum ich es den Russen noch extra beweisen sollte. Deshalb setzte ich mich kurzerhand bei nächster Gelegenheit von dem Gesangverein ab. Terpe hieß das Dörfchen, wo solches geschah. Immerhin, das Herz klopfte gewaltig, und den Bewachern schien mein Verschwinden auch nicht zu gefallen. Doch das Gefühl, frei zu sein, wog stärker als alle Fährnisse, deren es noch genug zu bestehen galt. Nie zuvor hatte ich erfahren, wie tief man Freiheit auch körperlich fühlen kann.

Im Dorf zog ich die Landserklamotten aus, kleidete mich in das, was die geflüchteten Bewohner nicht des Mitnehmens für wert geachtet hatten, und sah nun richtig zivil aus. Allerdings, was ich in den verlassenen Häusern aufgetrieben hatte, entsprach nicht gerade der neuesten Mode: eine dunkelblaue Hose, eine ebensolche Jacke, einen Mantel und eine Schirmmütze – beinahe wie ein Eisenbahner muß ich von weitem ausgesehen haben.

Das sollte mir noch Ärger einbringen.

Zum zweiten Male trabte ich auf Schusters Rappen in Richtung Heimat, bettelnd, hungernd, ständig in Furcht vor unerwünschten Begegnungen, des Nachts in einsamen Höfen ruhend, im Stroh in der Scheune, tagsüber auf Feldwegen schleichend, bei Sonnenhitze, durstig, erschöpft.

In Lugau bei Doberlug gings nicht mehr; beim Schwanenhofbauern fand ich jedoch Aufnahme, mehr noch, Erbarmen, ein in jenen Tagen, wo es schlicht ums Überleben ging, selten gewordener Wesenszug der Bestie Mensch. Die guten Leute päppelten mich wieder etwas hoch, ich dankte es ihnen durch Stallarbeit, Hofkehren, Heuwenden. Selbst als russische Einquartierung kam, versah ich meine Arbeit so, als gehörte ich zum Hof.

Die russischen Soldaten fanden auch nichts dabei.

Doch dann kam deutsche Verwaltung auf, der Bauer war Nazi gewesen, ich mußte fort, denn vor den Deutschen – da mußte man sich hüten! Die nahmen es genau! Da hieß es Papiere vorzeigen, die man nicht besaß. Die herumstreunenden deutschen Soldaten wurden ordnungsgemäß, wie sich das gehörte, an die Russen ausgeliefert. So erbärmlich ging das damals zu.

In aller Morgenfrühe setzte ich mich abermals in Marsch, wiederum Richtung Westen. Was in der Welt vor sich gegangen war, davon hatte niemand Ahnung, es scherte sich auch keiner darum, die täglich neu gestellte Existenzfrage überdeckte alles Wissen um dic Dinge.

Der Weg in die Heimat führte am Bahnhof Doberlug-Kirchhain vorbei, einem für den Eingeweihten bekannten Kreuzungspunkt, eisenbahntechnisch von besonderem Interesse, denn hier kreuzen sich die Bahnsteige der Berlin-Dresdener und der Halle-Sorauer Bahn in zwei Etagen übereinander fast rechtwinklig. Voll guter Hoffnung schritt ich des Weges fürbaß, wie der Dichter sagte, als er noch nichts vom Jahre 1945 wußte. Doch am Bahnhof gings verdächtig zu. Leute standen herum, dazu russische Posten mit Maschinenpistolen, kurz MP genannt. Es wurde mulmig. Schon kam einer dieser MP-Leute auf mich zu:

„Halt! Du mitkommen!"

Aus der Traum von der Freiheit. Es war zum Verzweifeln. Sollte alles wieder von vorn beginnen? Der Mann führte mich zu den anderen.

„Was ist los? Was wollen die von uns?"

Niemand wußte Bescheid, alle waren einfach wie eine Herde Schafe zusammengetrieben worden.

Nachdem die MP-Männer zwei weitere arme Sünder aufgetrieben hatten, hieß es: „Mitkommen, dawej, dawej!"

Wir setzten uns in Marsch, zitternd und zagend, Männer, Frauen und Halbwüchsige. Es ging Richtung Bahnhof, vorn die uniformierten Militärmänner, dann wir verlorener Haufen – hinten jedoch niemand. Das hatte ich alsbald herausbekommen und setzte mich auch schnürsenkelbindenderweise unauffällig ins Hintertreffen ab. Der Weg führte am Bahnhof vorbei, zum Güterschuppen, um ein paar Gebäude herum – wollten die uns nach Sibirien verfrachten?

Jetzt mußte ich auch noch den Schuh ausziehen, gerade kurz vor der Ecke. Die Kolonne bog nach rechts ab, schon war der Schuh in Ordnung, kehrt marsch, tief Luft holen und nichts wie fort.

Im Geschwindschritt um die nächste Ecke, um eine zweite –

verflixt – da stand ich direkt vor den Gleisen und prallte förmlich auf eine friedlich dampfende Kriegslok der Baureihe 52.

Ich hatte die falsche Kurve erwischt!

So sehr mich normalerweise eine Lok interessiert, im Augenblick lag mir anderes im Sinn, nämlich, die Chaussee nach Westen zu gewinnen. Also wendete ich mich um. Den harmlosen Zivilisten markierend, steuerte unauffällig nach rückwärts und wollte dem ungastlichen Gelände entschwinden. Da – die Knie begannen zu zittern: „Stoj! – Priechodi!" – Halt, komm her! –

Die Stimme klang verdächtig nahe, höchst verdächtig; in solchen Augenblicken schwirren einem in Sekundenschnelle alle erdenklichen Fluchtmöglichkeiten durch den Kopf. Nichts ließ sich ausführen, die Lage schien verzweifelt. Ich drehte mich um.

Von der Lok winkte eine uniformierte Gestalt herunter.

„Du, komm!"

Schreckensbleich wankte ich näher.

„Jelesnaja doroga?" – Eisenbahn? Der Mann sah mich fragend an. Ob mich meine Kleidung verdächtig gemacht hatte? Was sollte ich sagen? Das Wort Soldat wäre nicht ganz passend gewesen. Ich nickte also gottergeben, ohne zu wissen, was er meinte.

„Priechodi!" – Also komm rauf. Er deutete auf seine Lokomotive. Hinter ihm erschien eine zweite Figur. Sie palaverten miteinander, während ich unten an der Leiter zum Führerhaus stand.

„Dawej – dawej!"

Wollten die mich verheizen? Zitternd und zagend – der Mensch steht nun einmal nicht allen Situationen im Leben mit der gebührenden Gelassenheit gegenüber – kletterte ich die Leiter hinauf, zu anderen Zeiten und bei anderer Gelegenheit mit klopfendem Herzen und freudiger Erwartung – diesmal leider nur mit dem ersteren Gefühl.

Die zwei Gestalten empfingen mich grinsend. Ganz so wild sahen sie nicht aus, ein Fünkchen Hoffnung begann zu glimmen.

„Du Maschin'?" fragte der erste wieder. Und dabei deutete er vielsagend auf den Kessel und dann auf die Kohlen im Tender. Ich nickte wieder – zum Teufel, daß man nicht ein einziges Wort russisch gelernt hatte.

„Du Soldat?" – Da war sie, die bange Frage.

Heftiges Kopfschütteln meinerseits, ein Wortschwall, Zeichensprache, ich machte die Bewegung des Hämmerns, um darzulegen, daß ich zweifelsfrei einer total zivilen Beschäftigung nachgegangen wäre.

Die beiden Kerle schienen befriedigt. Dann sprachen sie russisch auf mich ein – was ich wiederum nicht verstand. Bald aber wurde deutlich, was man mit mir vorhatte. Der eine nahm nämlich die Kohlenschaufel, drückte sie mir in die Hand, riß die Feuertür auf, gab mir einen Puff mit der Faust, deutete auf die Kohlen und dann in das Feuer und brüllte:

„Dawej – dawej" – Los, los – das einzige Wort, das in meinen Sprachschatz eingegangen war.

Nun war es heraus, die beiden Faulpelze hatten mich als Heizer engagiert. Der Grund leuchtete mir bei einem Blick auf den Tender durchaus ein. Dort lag noch friedlich in Haufen, was unter der Devise des Endsieges, für welchen die Räder rollen mußten, als Lokomotivfeuerungsmaterial bezeichnet wurde: Rohbraunkohle, Briketts, ein paar Steinkohlebrocken und viel, viel Kohlengruß.

Nun stand ich also nach langer Zeit wieder auf dem Führerstand einer Dampflokomotive – doch wie hatte sich die Situation verändert. Was ehedem aus Begeisterung geschah, schien sich in eine Groteske verwandelt zu haben. Ich als deutscher Soldat auf einer deutschen Lokomotive unter russischem Maschinenpersonal. Wer es heute liest, wird um ein Schmunzeln nicht herumkommen. Mir war es damals anders zu Mute.

Sie schwatzten wieder auf mich ein, ich verstand kein Wort, doch ihre Gesten drückten aus, was gemeint war. Was blieb mir übrig? Ich nahm also die Kohlenschaufel in die Hand, schob sie in den Dreckhaufen auf dem Tender hinein – Herrgottsakra ging das schwer –, nahm alle Kräfte zusammen und knallte das Zeug auf das Feuer in der Feuerkiste.

„Choroscho! – Gut! rief es aufmunternd. Die beiden schmierigen Kerle feixten, der eine hieb mir auf die Schulter, daß ich fast umgefallen wäre.

„Wojna kapuuhtt! Du Towarisch" – Der Krieg ist aus, du Genosse! – So etwas ähnliches meinten sie wohl.

Also schien es wohl nicht unmittelbar an's Leben zu gehen, dennoch grauste es mir ausgemergeltem schwachen Kerlchen vor der Schipperei. Das wird nur der ermessen können, der die damalige Situation und den Ernährungszustand der Bevölkerung selbst erlebt hat.

Zu allem Überfluß bot der Blick ins Feuerloch ein wenig hoffnungsvolles Bild. Was dort loderte, war alles andere als ein Flammenmeer. Kein Wunder bei dem Dreck, den ich hineingeworfen hatte. Das Manometer löste ebenfalls keine Begeisterungsstürme aus. 12 lächerliche Atü zeigte es an – wollten die damit fahren? Ich wagte einen Blick aus dem Führerhaus nach hinten. Etwa neun oder zehn vierachsige Flachwagen schienen am Zughaken der Lok zu hängen. Leer. Das mochte noch gehen. Doch wo wollten die Brüder hinfahren? Ich hatte noch nicht einmal gewußt, daß überhaupt wieder eine Eisenbahn fuhr.

„Du schipp schipp!" ermahnte mich der jüngere von beiden an meine Pflicht.

Ja ja, ich schippe ja schon – ach wäre ich doch beim Schwanenhofbauern geblieben, bei seiner morgendlichen Mehlsuppe und den dicken Schinkenbroten zum Frühstück. Nun wird der Leser wissen, daß ich kein absoluter Neuling auf dem Führerstand bin, wenn ich mir auch keineswegs anmaße, es mit einem zünftigen Meister aufnehmen zu können. Daß die Schipperei allein wenig Zweck hatte, sah ich sogleich. Also – egal was die beiden Helden dachten, ich griff links oben zum Handrad und stellte zunächst den Bläser an, damit Zug ins Feuer kam. Dann ein Blick zum Wasserstandsglas: In Ordnung, drei Viertel, das reichte. Denn mal los. Mit der Schippe versuchte ich, möglichst die größeren Brocken aus dem Dreckberg herauszufischen. Hinein in's Feuerloch. Doch sagt sich das alles leichter als getan. Nach der vierten Schaufel begann ich bereits zu schwitzen, nach der fünften taten mir die Arme weh, und weil ich die sechste nicht mehr richtig hochkriegte, verbrannte ich mir auch noch am Feuerloch die Finger. Erschöpft knallte ich die Feuertür zu und stellte die Schaufel in die Ecke.

„Choroscho!" – kam wieder das Lob von den beiden Schwarzen, die sich inzwischen anderen Dingen zugewandt hatten. Der eine nahm die Wodka-Pulle aus dem Segeltuchbeutel, den er unter seinem Sitz liegen hatte, der andere krümelte sich Machorka aus seiner Hosentasche, langte sich ein Stück Zeitungspapier aus der Jacke und drehte mit der diesem Volk eigenen Routine seine Zigarette.

„Du auch!" – Er nahm eine Handvoll Tabak, riß einen Fetzen Papier ab und drückte mir beides in die Hand. Es waren trotz ihres Äußeren und trotz der uns eingeimpften Feindschaft, trotz der vielen Greuel während der letzten Kriegstage, einfache Menschen und nicht einmal schlechte.

Schwarzer Qualm brauste aus dem Schornstein der 52er, meine Heizerkünste zeigten Wirkung, also Feuerloch auf, abermals die Kräfte zusammengenommen und hineingeschippt, was die schwachen Arme gerade noch hergeben wollten. Das Manometer bemühte sich schließlich einen Strich weiter – nun waren's ihrer dreizehn. Ob die 52er damit die zehn Leerwagen schaffte?

Ich kletterte in den Tender hinein und schaffte mit Händen und Füßen Briketts und größere Kohlebrocken nach vorn. Gerät außer der Schaufel war nicht vorhanden. Das gab eine Dreckwolke, daß die Kerle zu fluchen begannen. Dann wieder Feuertür auf – schipp – schipp – schipp – und alles mitten auf das Feuerbett. Ich kriegte einfach den Schwung nicht heraus, die Kohle in die Ecken der Feuerbüchse zu geben. Himmel, wieviel Platz ist doch in dem Loch, wieviel Zeug geht da hinein, um so mehr, wenn die Hälfte gleich wieder durch den Rost nach unten fällt. Mütze, Mantel, Jacke hatte ich längst in die Ecke geworfen, das Hemd war patschnaß, ich dampfte und wußte nicht, wie lange ich die Plackerei noch durchstehen könnte. In den Pausen schaute ich nach dem Kessel, ließ die Speisepumpe langsam mitlaufen und päppelte den Boiler mühsam auf vierzehn atü hinauf. Mehr ging beim besten Willen nicht, allmählich bemächtigte sich meiner mit dem Nachlassen der Kräfte eine Apathie, es wurde mir alles schnuppe, ich konnte nicht mehr.

Die beiden Maschinisten lehnten aus dem Fenster, plötzlich hörte ich draußen ein Palaver, Rufe hin und her, der ältere von den beiden wurde geschäftig, er griff zum Pfeifenzug, ein langgezogener Pfiff, Regler auf, Zylinderhähne auf – immerhin konnte er fahren – wuff – wuff – wuff – wuff – setzte sich unsere 52er mit ihrem bißchen Dampf tatsächlich in Bewegung. Nun, die zehn leeren Vierachser bedeuteten keine große Last. Zu meinem Schrekken fiel der Zeiger vom Manometer gleich wieder zwei Strich zurück.

Doch irgendwie war ich froh, daß nun Leben in die Geschichte kam, jetzt waren die beiden Iwans keine MP-Helden mehr, sondern einfache Maschinisten. Das verlieh der Groteske ein anderes Bild. Ich schaute hinaus, wir fuhren auf die freie Strecke. Alle Signale standen auf Halt, es machte den Leuten nichts aus.

Vieles in der Weltgeschichte bekäme ein anderes Gesicht, wenn man sich näher käme, wenn sich Kontakt zwischen den Völkern einstellte, wenn man miteinander „warm" würde. Wer hat das besser erfahren als wir Kriegsgeneration? Sofern noch eine Portion Mensch in einem steckte.

Die beiden Kerle zeigten sich als Menschen. Der mit dem Machorka kramte in seinem Sack herum und langte ein Stück Brot

heraus. „Du essen!" – Ich muß wohl eine recht bejammernswerte Figur gemacht haben, daß ihn das Mitleid übermannte. Denn nicht nur das, er griff selbst zur Schaufel – die Brocken flogen in das Feuerloch hinein – ja der hatte noch Kräfte in den Muskeln. Mit breitem Grinsen stellte er die Schaufel in die Ecke und klopfte mir auf die Schultern.

Eine sogenannte Kriegslokomotive der Baureihe 52, aufgenommen 1948 in Leipzig. Auf einer dieser Loks mußte der Verfasser seine Heizerkünste nachweisen!

„Towarisch!" – Kamerad.

Mit dem Brot kehrten allmählich die Lebensgeister zurück, ich wagte jetzt schon dreister einen Blick nach draußen. Wir hatten den Bahnhof Doberlug-Kirchhain längst hinter uns gelassen, die Fahrt ging durch Wald. Doch, was war das? Links und rechts von der Strecke überall Menschen. Deshalb betätigte der Lokführer ständig den Pfeifenzug. Mit einem Mal fiel es mir wie Schuppen von den Augen. Ich begriff, was hier im Gange war, wozu die Russen in Doberlug die Leute zusammengetrieben hatten. Das zweite Gleis wurde abgebaut. Das ohne Hilfsgerät, nur mit des Armes Muskelkraft. Männer, Frauen, Halbwüchsige, alles, was Arme zum Zupacken besaß, war tätig. Ein Bild des Jammers für den, der nicht nur mit dem Kopf, sondern auch mit dem Herzen die Zeit erlebte.

Heijeijei – wie der russische Lokführer aufdrehte. Unsere 52er wackelte schrecklich, ich konnte zwar das Tachometer nicht sehen, aber langsam begann es unheimlich zu werden. Vor allem schielte ich banger Ahnungen voll auf das Manometer. Wenn der so weiter fuhr, war dort bald Matthäi am letzten.

Ich kaute derweil mein Brot, es wollte so trocken nicht recht rutschen und ofenfrisch schien es auch nicht zu sein. Wenigstens bekam der Magen etwas zu tun. Der Lokführer mußte mein verzweifeltes Schlucken mitbekommen haben. Er griff unter den Sitz zur Pulle.

„Pjei!" – Trinke!

Ich setzte sie an – fi – welch ein Zeug! Das sollte Wodka sein? Ich hätte auf Brennspiritus getippt. Die Kehle brannte wie Feuer, egal, naß ist naß. Zwar bekam ich die nächsten Sekunden keine Luft, aber es belebte dennoch, und als Flüssigkeit zumindest erfüllte das Zeug seinen Zweck.

Wo mochte die Fahrt hinführen? Die Flachwagen, so begriff ich alsbald, waren zum Abtransport der Schienen bestimmt. Doch wer sollte diese ohne Kran aufladen? Der Bahnhof Schönborn flog vorbei, auch hier wieder eine Menge Menschen, vorwiegend Alte und Frauen.

Ein Rippenstoß weckte mich aus meinen Träumen. Der Heizer war's, der mir die Schippe in die Hand drückte. Also Feuertür auf, immerhin sah's da drinnen jetzt besser aus. Dumpf dröhnte aus dem Feuerloch der ununterbrochen schallende Lärm der Auspuffstöße. Was mir einstens als himmlische Musik erschienen wäre, hörte sich in dieser Situation mehr als Grollen der Unterwelt an. Zugepackt denn – Schipp eins – Schipp zwei – Schiiip drei – was war das Zeug so schwer, Himmel steh mir bei – schiiiip viere – ob's genug ist? Noch eine Schippe mühsam in das Feuerloch gequält, dann mit erschöpftem Seufzer die Klappe zu. Der Teufel mußte die Dampfloks erfunden haben, damals lernte ich den Segen eines elektrischen Fahrdrahtes kennen. Und Generationen nach mir ebenso. Romantik hin, Romantik her, sie hört dann auf, wenn es über die eigenen Knochen geht.

Immer wieder jaulte die Dampfpfeife. Wenn doch der Lokführer mit unserer miesen Schaukel nur nicht so schnell fahren wollte! Erstens kostete das Dampf, den wir nicht hatten, zweitens wurde man fast seekrank dabei, und drittens hatte ich keine Lust, hier noch bei einem Unfall das Kriegsende zu erleben, das sich leicht mit meinem eigenen identifizieren konnte.

Also wieder geschippt und geschippt – es war eine wüste Plakkerei. Das Gesöff tat zudem seine Wirkung, mehr als einmal fiel ein Brocken Kohle oder eine Handvoll Grus von der Schaufel, ich kriegte die Arme einfach nicht mehr hoch, und schließlich knallte die Schaufel mit voller Wucht gegen den Kessel statt ins Feuerloch, und der ganze Segen prasselte ins Führerhaus.

Unter dem Gelächter der zwei Kerle mußte ich den Dreck wieder zusammenschippen, einen Besen gab es nicht. Mit dem Fuß scharrte ich wie ein Huhn, ach es war einfach zum Heulen, und die Tränen traten mir in die Augen. Der Leser mag mir die weitere Schilderung der Fahrt erlassen, an die ich nur in meinen schlimmsten Träumen zurückdenke.

Endlich schloß der russische Lokführer den Regler – Gott sei Dank! Hoffentlich ging's nicht gleich wieder von neuem los. Nein, wir rollten im Leerlauf dahin. War die Reise zu Ende? Wieder wurde gepfiffen, langsamer drehten sich die Räder, ein Bahnhof schien erreicht zu sein. Richtig, eine Weiche klapperte unter uns auf, erste Abwechslung im Einerlei der Fahrt. Der Führer griff zum Bremsventil, es funktionierte zu meiner Verblüffung. Dann rollten wir in einen Bahnhof – Beutersitz las ich am Empfangsgebäude. Mit schrillem Quietschen der Räder kamen wir in dieser einsamen Station Beutersitz zum Halten.

Die Luftpumpe unserer Lok arbeitete, alles funktionierte friedensmäßig. Aber im Vordergrund stand für mich die bange Frage, was nun werden sollte? Was hatte man mit mir vor?

Zunächst gar nichts. Die Männer palaverten aus dem Führerhaus mit Leuten, die offenbar unten am Gleis standen und die ich nicht sehen konnte – und auch nicht wollte, trüber Erfahrungen zufolge. Ich schaute derweil nach der anderen Seite aus dem Fenster. Alles menschenleer, neben unserem Zug ein paar Gleise, dann eine Wiese mit etwas Buschwerk am Rande, dahinter eine Straße und anschließend Wald. Wenn man dorthin könnte? Türmen – nichts wie türmen!

Dieser Gedanke gewann nun zunehmend Macht über mich. Nur runter von dieser Karre. Aber wie, ohne daß die Brüder mich erneut arretierten?

Böses Wollen schärft die Sinne. Das Palaver auf der anderen Seite ging weiter, es mochten zwei oder drei Mann sein, offenbar russische Feldeisenbahner. Ob die auch gleich mit der verdammten MP bei der Hand sein würden, wenn alles schief ging?

Jetzt kletterte der Lokführer hinab, der Heizer beugte sich hinaus, die Klapptür stand offen. Sollte ich? Nein, er drehte sich um und winkte mit vielsagender Gebärde nach der Feuertür. Gehorsam griff ich zur Schaufel, Feuertür auf, Schaufel in die Kohlen – eine Wendung – schwupp hinein. Zum zweiten Mal dasselbe – zum dritten Mal mit Todesverachtung. Doch wo steckte der Heizer? Ich stand allein auf dem Führerstand, der Feuermann war ebenfalls hinabgeklettert.

Jetzt oder nie! Zurückfahren wollte ich auf keinen Fall. Und Schienen schleppen? Ich stellte den Bläser an, das gab Geräusch. Dann leise auf der anderen Seite die Tür auf, die Trittleiter hinab, längs der Lok im Schutze der Räder ein paar Schritte – hoffentlich hörte niemand das Knirschen des Schotters. Ein Blick zurück – zagend – alles leer. Nun wie ein Hase im Spurt über die Gleise – mit einem Hechtsprung in den Graben, der den Gleiskörper abgrenzte. Dort hinter die Büsche – das Herz schlug wie ein Maschinengewehr. Bange Sekunden vergingen zwischen Hoffen und Verzweiflung. Jetzt lauf, lauf Soldat, wenn dir dein Leben lieb ist! Ich rannte, stolperte, schnappte nach Luft, es wurde mir fast schwarz vor den Augen, doch dort die Chaussee. Zum Glück niemand zu sehen. Langsam – ganz langsam, den harmlosen Wanderer markierend, falls jemand im Schrankenhäuschen saß. Niemand – alles ruhig – auch kein Gleis wurde abgebaut. Dort die ersten Bäume des Waldes – ruhig Blut – noch zwanzig Meter – zehn – noch fünf – langsam – jetzt ein Sprung – hinein ins rettende Gebüsch unter die ersten Bäume – gerettet! Ein ängstlicher Blick zurück, alles blieb ruhig, niemand folgte mir, dort hinten nur schwarzer Qualm aus dem Schornstein der 52er – vorbei. Dunkler Kiefernwald nahm mich auf, eine gute Viertelstunde marschierte ich noch, dann ging's nicht weiter, ich fiel einfach um, im Fallen noch muß ich eingeschlafen sein, die Erschöpfung war zu groß gewesen.

So war das im Mai 1945 zwischen Doberlug-Kirchhain und Beutersitz. Ich bin davongekommen, nun – sonst könnte ich nicht jenen Tag beschreiben. Über Langennaundorf kam ich zum Flekken München, wo ich die Schwarze Elster überschreiten konnte. Dann marschierte ich nach Übigau, durch Falkenberg mit seinem großen Bahnhof, den ich keines Blickes würdigte, bis zum Dörfchen Kölsa, wo mich der Pfarrer und seine Frau, zwei gute Menschen, gastlich aufnahmen und mir vor allem zu essen gaben. Es war spätabends geworden, ein ereignisreicher Tag ging zu Ende. Ich konnte lange nicht schlafen, die Nerven waren zu erregt.

So verlief eines der vielen Abenteuer, die ich auf meinem Marsch mutterseelenallein erst durch das russisch, dann amerikanisch besetzte Land vom Dorf Terpe in der Lausitz bis nach meiner Heimatstadt Halle zu bestehen hatte. Der Herr war mir gnädig, alles ging gut.

Aber Lokomotiven der Baureihe 52 sind mir seit diesem Tage suspekt geblieben. Und vor dem Heizerstand habe ich bis heute einen Heidenrespekt behalten.

Wanderungen am Schienenstrang

Damit von Anfang an keinerlei Zweifel aufkommen: Hier soll weder einer neuen Wanderbewegung das Wort geredet werden – deren gab es ehedem mehr als genug –, noch sollen diese Zeilen den Konsum von Windjacken, Bundschuhen, Schlafsäcken und Fahrtenmessern fördern. Keinesfalls schwebt uns vor, nach treudeutschem „Führer, befiehl, wir folgen!"-Brauch in Reihen zu dreien, auf den Lippen das schöne Lied von der rechten Gunst, die uns der alte Herrgott wieder einmal erweisen soll, mit völkisch-bündischer Treue den Staub der asphaltierten Feldwege aufzuwirbeln und Kilometer auf Kilometer zwecks Erhärtung des vom vielen Stubenhocken schlaff gewordenen Körpers zurückzulegen.

Nein, all das liegt uns fern, Herdentrott paßt einfach nicht zum Schienenstrang. Die Eisenbahn ist ein Stück Natur geworden, wenn es auch unsere Altvorderen, die seinerzeit so schrecklich gegen die „Verschandelung" der Landschaft durch Schienenstränge wetterten, nicht glauben wollten. Im Gegenteil, die Eisenbahn hat sich harmonisch in die Formen der von ihr erschlossenen Landschaft eingefügt. Sie unterstreicht durch ihr stählernes Band die Krümmung der Täler; sie trägt dazu bei, wenig abwechslungsreiches Gelände zu gliedern; sie trennt und fügt zugleich zusammen; sie ergänzt die natürlichen Formationen durch neue Akzente, etwa schön geschwungene Brücken, Viadukte, Dämme, Einschnitte; sie verleiht unseren Siedlungen auch optisch eine Bindung an das umliegende Land. Hier macht die elektrische Fahrleitung keine Ausnahme. Natursteinfarbene Betonmasten und das feine Filigran der Fahrleitung mögen zwar für den ersten Augenblick befremden, stören jedoch so wenig die Harmonie, wie es das stählerne Band jemals getan hat. Sie sind noch nicht geschrieben, die „Wanderungen am Schienenstrang" und werden auch nicht mehr geschrieben werden. Der Verfasser dieses Buches, der den Plan hierfür getreu dem großen Vorbild des märkischen Altmeisters oder jener geschichtsträchtigen „Wanderungen durch die Grafschaft Mansfeld" seit langen Jahren nährte, hat ihn selbst längst aufgesteckt. Wer wandert heute noch? Wen interessiert noch der Schienenstrang? Wo ist der Zauber jener vielen Eisenbahnstrecken geblieben, nachdem Dieselmotor und Strom sie versachlicht haben oder der Zugverkehr überhaupt eingestellt wurde? Man macht sich lächerlich, erwähnt man nur ein solches Vorhaben.

Lassen wir uns nicht völlig entmutigen. Geben wir dem Thema wenigstens an dieser Stelle einmal Raum. Und wer weiß, vielleicht gibt es doch noch ein paar Ewiggestrige so wie der Autor, die in der Landschaft mehr erblicken als nur ein lästiges Hindernis für den Bau von Autostraßen.

Wanderungen am Schienenstrang – das bedeutet Ruhe, das bedeutet Stille, das bedeutet eins zu sein mit der gewaltigen Natur und ihren Schöpfungen. Es geht um jenes packende Erlebnis, das den Wanderer am Ziel seiner Reise umfängt, wenn er vom schattigen Waldweg aus den Bahnübergang erreicht hat, über den sich die Schlagbäume der Schranke bimmelnd senken, und aus der Ferne ein ständig stärker werdendes Grollen und Tosen losbricht, ein heranbrausendes Dröhnen, vermischt mit den zischenden Lauten der arbeitenden Maschine, bis der Zug in seiner ganzen Imposanz vorübertobt, aus dem Gesichtskreis verschwindet, leiser und leiser wird und die große Stille uns wieder umgibt, die wir nun beinahe als eine Last empfinden.

„Die größte Offenbarung ist die Stille", sagte Laotse, der chinesische Weise, Jahrhunderte bevor die Bibeln neuer Propheten die Welt beunruhigten. Gerade das Erlebnis des vorbeifahrenden Zuges läßt die nachfolgende Stille erst in ihrer ganzen göttlichen Offenbarung fühlbar werden.

Unter solchem Sinn soll unser kurzer Spaziergang am Schienenstrang stehen. Er führt uns zwangsläufig in die Vergangenheit, die Gegenwart hat den Zauber eingebüßt, die Attribute der modernen Zivilisation sorgen dafür, daß auch die Zeit der Stille Geschichte geworden ist. Autos, Flugzeuge und Transistorradios garantieren ihre Nimmerwiederkehr.

Wie war das schön, allein oder an der Seite des Freundes, wenn nicht gemeinsam mit dem liebenden Weib gemächlich fürbaß zu schreiten, bedächtig ein Gespräch zu führen oder einfach stumm einen Hauch der Allmacht unseres Schöpfers in sich aufzunehmen und für wenige Augenblicke seine Nähe zu spüren. Haben wir begriffen, welche große Begnadung uns aus dieser Offenbarung der Stille erwuchs, einer Stille, die trunken machte vor tiefer Beseligung? –

Wandern kann man zu Fuß, mit dem Fahrrad, nach moderner Auslegung auch mit dem Auto, letzteres zählt sogar als sportliche Betätigung. Wir verzichten jedoch schweren Herzens auf unser angebetetes Vierrad, da es uns nur behindert. Wir müssen es für die Vergangenheit erst recht ausklammern, da wenige unter uns, und erst recht nicht der Verfasser, so gestellt waren, sich einen Hanomag, DKW oder vielleicht einen kleinen Dixi leisten zu können, um zum Schauplatz der Ereignisse zu fahren. Nein, die Sonntagsrückfahrkarte 3. Güte oder günstigenfalls das eigene Fahrrad, das war die „Conditio sine qua non" einer Wanderung am Schienenstrang. Nun gehört noch weiteres Zubehör zu dieser lobenswerten Beschäftigung, sofern man von der schon erwähnten männlichen oder weiblichen Begleitung absehen will. Da wäre vor allem der Fotoapparat zu nennen, in früheren Jahren ein gewichtiges Requisit. Des weiteren sind Landkarte und Fahrplan zu erwähnen, nicht zuletzt aber kräftige Marschverpflegung, als welche sich eine Tüte frischer Brötchen, in aller Morgenfrühe beim Bäcker eingehandelt, ein Ring Fleischwurst und diverses Getränk, das je nach Geschmack tierisches Produkt oder pflanzliches Destillat sein kann, in der Praxis bewährt haben. Solcherweise vor dem „Hungertod" geschützt, kann die Wanderung beginnen.

Als winzig kleiner Steppke unternahm ich meinen ersten diesbezüglichen Ausflug, zog die hölzerne Eisenbahn am Strick hinter mir her und machte mich auf den Weg, das Bahngleis entlang, fernen Ländern entgegen. Leider stieß ich bei meinen entsetzten Anverwandten auf Verständnislosigkeit, sie fingen den Ausreißer wieder ein, dem eine derartige Beschneidung der persönlichen Freiheit unfaßbar erschien.

Mit zunehmendem Alter wurden die Fesseln des Zwanges gelockert, es kam zur ersten richtigen Wanderung, ausgelöst durch einige schöne Fotos, welche von der eindrucksvollen Fahrt eines Zuges durch die Landschaft kündeten. Auch diese Exkursion wies einen Schönheitsfehler auf. Ziel jener Wanderung war der tiefe Einschnitt östlich des Bahnhofes Eisdorf in meiner engeren Heimat. Als der D 105 mit seinen zwei Lokomotiven angedampft kam, achtete ich in der Hitze des Gefechtes nicht auf meine Gewichtsverlagerung, purzelte kopfüber den Hang hinab, passierte auf der Rutschpartie nach unten noch ein Dornengestrüpp, das äußerlich sichtbare Spuren hinterließ, und landete unten mit einem kräftigen Bums angesichts des vorbeifahrenden Zuges in einem Haufen Schotter.

Ein seltenes Foto: Zwei Maschinen der badischen Gattung IVe auf der Schwarzwaldbahn, 1897 aufgenommen. Diese Lokomotiven wurden wegen ihres Einsatzgebietes Schwarzwaldloks genannt.

Jahre später gelang dem Wandersmann eine ähnliche Glanzleistung am Duhnetalviadukt unweit Altenbeken, nämlich die Böschung der westlichen Talseite auf dem Hosenboden hinabzufahren, ein Vorgang, welcher Madame, die von unten jener artistischen Glanznummer beiwohnte, mit höchster Bewunderung erfüllte.

Ja, sie bieten allerlei Überraschungen, die Wanderungen am Schienenstrang. Die gelindeste dürfte immer noch sein, daß man vor lauter Bäumen und Sträuchern den Schienenstrang nicht erblickt und im entscheidenden Augenblick, wenn der Zug sich nähert, vergebens nach einer Lücke sucht. Oder man überquert den bekannten Graben seitlich des Gleiskörpers, der im milden Grün seiner Bewachsung so harmlos aussieht, um dann unversehens bis über die Knöchel im Schlamm einzusinken. Von Überraschungen, die der Wettergott bereithält, soll gar nicht erst die Rede sein; Regengüsse und Gewitter pflegen grundsätzlich an

Tagen stattzufinden, wo der Eisenbahnbeflissene zwecks Bereicherung seiner Bildung am Schienenstrang weilt.

Bewerten wir diese Banalitäten nicht über, wie sind sie unwesentlich, und wie verblassen sie über all dem Schönen, das es bei solchen Exkursionen zu erleben gibt. Wie fügen sich alle jene Details zu einer Kette köstlicher Erinnerungen zusammen, die man nicht missen möchte und die uns Kraft geben, all die Widerwärtigkeiten des Lebens, die das Schicksal in reichem Maße für uns aufgespeichert hat, durchzustehen. In die Erinnerung mischt sich auch manche Bitternis, denken wir an Strecken, deren Besuch heute nicht mehr möglich ist oder auf denen der Eisenbahnbetrieb eingestellt wurde. Hierunter fallen besonders zahlreiche Kleinbahnen, deren Verkehrsaufkommen – wie man so schön sagte – die Weiterführung des Betriebes in den letzten Jahren nicht mehr rentabel machte.

Viele Strecken, die heute elektrisch befahren werden, kennen wir noch aus der Zeit des Dampfbetriebes. So hat unser Besuch mit Vorliebe den Steilrampen gegolten. Heute wird besonders häufig die sogenannte Schiefe Ebene zwischen Neuenmarkt-Wirsberg und Marktschorgast besucht. Der Unkundige beginnt die Wanderung in Neuenmarkt und schleppt Gerät und Proviant über eine „Durststrecke" hinweg, bis er den nahen Wald und dann die Bahn erreicht hat. Der erfahrene Wandersmann ist immer erst mit dem Zug auf den Gipfel gefahren, denn Steilrampen erwandert man von oben nach unten, nicht umgekehrt.

Unvergeßlich der Blick, wenn man vom Waldrand am Block Streitmühle aus das Auge weit über das Land schweifen ließ. Das war so recht eine Stelle, zum Sitzen und Schauen geschaffen. Wie habe ich immer die Fanatiker unter den Eisenbahnfreunden bedauert, die Besessenen, die den Weg entlanggetrabt sind, den Blick starr auf die Gleise gerichtet, ohne die vielen Schönheiten am Wege zu gewahren. Nein, man muß sitzen und warten können, bis aus der Ferne das Auspuffgeräusch des herannahenden Zuges vernehmbar wird, das bedächtige Schnaufen der großrädrigen Schnellzuglokomotive, verfolgt vom flinken Gehechel der Schiebelok. Wie schlug das Herz höher, wenn die Wagenschlange an uns vorüberzog und man noch lange den Schlag der Maschinen im Walde vernehmen konnte.

Ähnlich imposant verlief das Schauspiel, das man im Weißeritztal an der Strecke Tharandt – Freiberg geboten bekam, etwa am Bahnhof Edle Krone – dem früheren Höckendorf – oder von den weiter oben gelegenen Serenteichen aus. Hier prägten sächsische Lokomotiven das Bild, die 19er oder der „Rollwagen", die 38^2, nicht zuletzt die 39er. Als Schiebeloks machten sich preußische und sächsische 58er nützlich. Hei, wie wackelte das schöngelegene hölzerne Bahnhofsgebäude, wenn etwa die 19 001 oder die 19 005 sich mit donnernden Auspuffschlägen in die Kurve bergan legten, die über die Weißeritzbrücke in den Tunnel führt. Eine Wanderung nach diesem Eisenbahnparadies erhielt ihre besondere Würze, als man sie zu einer Zeit unternahm, wo das Wandergerät rationiert war und die Götter vor den Erwerb des Wanderschuhs den behördlichen Bezugsschein gesetzt hatten. Schmückte man sich stolz mit den durch Einlösung besagten Papiers neu erworbenen Schuhen, Marke Neandertal, so erfuhr das Erleben eine weitere Steigerung. Wie Glanz und Elend dicht beieinander liegen können, sei nur am Rande erwähnt, decken wir das Mäntelchen der Nächstenliebe über jene Szenen, die sich als Folge „fortschrittlicher" Fußbekleidungstechnik abseits des Schienenstranges abspielten und die für das gequälte Gehwerkzeug erst durch einen Sitzplatz in einem „Heidenau-Altenberg"-Wagen Erlösung brachten. Wie unvollkommen ist doch der Mensch.

Über jede Beschreibung erhaben sind die Steilrampen im Thüringer Wald, besonders die Strecken um Probstzella sowie die Rampe Gräfenroda – Gehlberg, wo der „Bär", die Schiebelok der Baureihe 95, Triumphe feierte. Dort ging's mit Donnergetöse, vorn die 39er im Dreivierteltakt, das Tal der Wilden Gera aufwärts, bis nach erlösendem Pfiff der Brandleitetunnel erreicht war. So trug es sich zu zwischen Probstzella und Ludwigsstadt im Frankenwald, so donnerten die Züge von Altenhundem nach Welschen Ennest hinauf, von Geislingen nach Amstetten, von Erkrath nach Hochdahl und wie jene Stätten problematischen Bahnbetriebes immer heißen mögen. Herrlich eine Wanderung durch das Hoppecketal oder entlang den vielen Kehren der Schwarzwaldbahn, die selbst heute zur Dieselzeit noch ein Erlebnis darstellt. Wie schön war das doch alles, wie dankbar sind wir, jenen letzten Abglanz der alten Technik erleben zu dürfen.

Da führte eine herrliche Tageswanderung von Flieden aus über den Distelrasen nach Elm und Schlüchtern, wobei man in der „Waldklause" oben am Drasenberg noch einmal „nachtanken" konnte, wenn bei großer Hitze der „Treibstoff" ausgegangen war. Da gibt es wundervolle Wege im Sachsenwald, den man eigentlich immer im Herbst besuchen sollte, weil er uns da mit ganz be-

Zweimal die „schöne Württembergerin" genannte Schnellzuglok der Baureihe 18.1. Die Aufnahme wurde bei Dettingen vor dem D 9 gemacht. (Foto Bellingrodt)

sonderen Reizen empfängt. Und wer seinerzeit die 05-Schnellfahrlokomotiven oder den „Fliegenden Hamburger" erleben wollte, der bezog am Bahnhof Friedrichsruh oder auf der Straßenbrücke am Bahnhof Aumühle Posten.

Gibt es einen lieblicheren Pfad, als im entzückend gelegenen Bahnhof Durlesbach den Zug zu verlassen und flußab am Waldessaum den Schussentobel entlang rüstig gen Mochenwangen zu schreiten oder dem sprudelnden Schussen stromauf zu folgen? Von gleicher Schönheit ist eine Wanderung durch das Donautal, wobei der Bahnhof Thiergarten den Ausgangspunkt bildet und der Naturfreund rüstig stromauf an Werenwag und Wildenstein vorüber nach Beuron marschiert.

Wie viele persönliche Erinnerungen sind mit solchen Exkursionen verbunden. Wer das angetraute Eheweib als Begleiterin mitnimmt, dürfte mancherlei Überraschungen erleben. So zogen ihrer zwei einstens, lange vor der Elektrifizierung, zur Rheinstrecke bei Rolandseck, um dort die Dampfschnellzüge vorbeirasen zu sehen. Mitten in der größten Aufregung, ob er denn nun komme, der Zug nämlich, den die badische IV h führen sollte, ließ sich besagtes Eheweib in aller Seelenruhe direkt neben dem Schienenstrang nieder und hub an, den mitgenommenen Kartoffelsalat zu löffeln

– eijeiei, seelische Grausamkeit nennt man wohl solches Tun in der Fachsprache, und die Juristen lassen es als Scheidungsgrund gelten.

Da ritt uns einmal der Teufel, von Oberstaufen an der Allgäustrecke nach Harbatshofen im Regen zu marschieren, um einige schöne Fotos einzufangen. Ein oben am Berg liegender Heustadel bot Unterschlupf vor der triefenden Nässe, wo es dem besagten Weibe so gut gefiel, daß es sich kurzerhand ins Heu legte und – sanft entschlummerte. Wie verhält sich der Eisenbahnwanderer in solch unvorhergesehenen Situationen? Er schweigt und duldet still.

Mit derartiger Begleitung kann man Dinge erleben, die dem ernsten, forschenden Eisenbahnfreund die Haare zu Berge stehen lassen. So sollten mit diskretem Schweigen eigentlich Vorfälle übergangen werden, die mit Wanderungen am Schienenstrang nichts mehr gemein haben, sondern glattweg verboten gehörten. Wenn zum Beispiel die erwähnte weibliche Begleitperson ausgerechnet über dem Portal des Schwarzkopftunnels bei Heigenbrükken Brombeeren entdeckt, die unbedingt gegessen werden müssen, und frisch fröhlich beginnt, oben auf dem Tunnelportal herumzuturnen! Wobei die Erinnerung um Jahre zum Blankenheimer Tunnelportal zurückschweift, wo es aber nicht um Brombeeren, vielmehr um einen Gewitterguß ging, der die Gegend schier ersäuft und die Stimmung des Wanderers auf den Nullpunkt gesenkt hatte. Jene Dame hingegen zog einfach Schuhe und Strümpfe aus, patschte munter trällernd durch den Schlamm den Weg neben dem Bahngleis entlang, als herrsche eitel Sonnenschein. Doch dann, als wir durch triefenden Farn hindurch den Hang erklommen und patschnaß oben auf dem Berg standen, vor uns ein lieblicher Birkenhain mit aus dem regenfeuchten Boden aufsteigenden weißen Nebelschleiern, als in der Ferne die 58er heranschnaufte, der Zug vorbeirumpelte, und dann das heilige abendliche Schweigen über das Land zog, da ward uns bange ums Herz, bange ob unserer eigenen Bedeutungslosigkeit in Gottes erhabener Schöpfung.

In den Bildern unseres Buches spiegelt sich noch ein wenig jene Faszination wider, wie sie die alte Eisenbahn umgab. Man muß Augen haben, sie zu sehen. Es war eine andere Welt. Ob sie besser war, sei dahingestellt. Aber sie war persönlicher. Wie fröhlich winkten die Männer von den Maschinen herab, wie strahlten die Augen von Heizer und Lokführer aus der Kabine heraus, wie viele freundliche Gesichter hat man damals gesehen, wie mancher begrüßende Pfiff galt dem Wandersmann, mancher scherzende Zuruf hoch oben von der Plattform der Dampfmaschine herab im Vorüberfahren. – Heute winkt niemand mehr.

Dieses und jenes Einzelbild ragt aus der Gesamtheit der Erinnerungen heraus. Es mag stellvertretend für die Eindrücke stehen, die jeder Eisenbahnfreund auf ähnlichen Pfaden gesammelt hat. So eine Wanderung von Bad Schandau aus das Sebnitztal aufwärts, immer neben der kurvenreichen Strecke her, bis nach Kohlmühle. Auf dieser Strecke dampften 64er-Lokomotiven mit fast ununterbrochen grollendem „Tuuuht" vor alten sächsischen Wagen daher. In Kohlmühle Begegnung mit der kleinen sächsischen IV K und ihrem winzigen Züglein nach Hohnstein. Eisenbahnaroma, vermischt mit würzigem Waldesduft vor der Kulisse des Elbsandsteingebirges, ein Motiv, würdig eines Malers.

Wanderung im Müglitztal, Glashütte, Bärenstein, Rast auf einem steilen Felsklotz unmittelbar über der Bahn. Mit dumpfem Grollen tobt die 84er- oder die 86er-Tenderlok neben dem sprudelnden Flüßchen bergauf, während wir Brot und Wurst aus dem Rucksack klauben und uns unseres Daseins erfreuen.

Münsterland, stilles Münsterland, mit der Hohen Mark als einem seiner anmutigsten Landschaftsteile. Beim Bahnhof Lembeck stehen wir an der Schranke. Der Personenzug muß kommen, die Strecke ist eingleisig, eine arrivierte Nebenbahn. Da rollt er heran, an der Spitze die 03 144! Stolze 03, längst Historie gewordene Vertreterin deutschen Lokomotivbaus.

Oder die Eifel, Wandergebiet für einen kleinen Kreis von Kennern. Jünkerath, Dahlem, der Schmidtheimer Berg, die grollende 39er. Der Aufstieg zur alten Kasselburg bei Gerolstein mit dem herrlichen Blick ins Kylltal hinunter. Schließlich ein Besuch der so schön gelegenen Bahnstrecken um Daun zu der Zeit, als die 86er noch die stillen Wälder mit ihrem tieftönenden Ruf erfüllte.

Wanderung von Dahmsdorf in der Mark nach Trebnitz. Sonnenglut liegt über dem Land, betörender Kieferndutf erfüllt die Luft. Einsamer Lerchengesang am Himmel. Plötzlich Lärm, ein Zug nähert sich – nein, es ist eine einzeln fahrende Maschine. Sie kommt rasch näher, überaus rasch, dann donnert mit wirbelnden Treibstangen eine Schnellzuglok der Reihe 17^2 vorüber. Woher? Wohin? Was treibt sie zu solch höllischem Tempo?

Oder jene Rast an der kleinen Bahnbrücke südlich Kirchenlamitz im Fichtelgebirge. Mittagssonnenglut, heiß fächelt der Som-

Was wäre Sachsen ohne seine Schmalspurbahnen? Idyll aus dem Bahnhof Jonsdorf mit einer ausfahrenden ehemals sächsischen Baureihe IV K. (Foto Briccius)

merwind über die Fichten, flüstert uns sein geheimnisvolles Lied zu, das Lied vom Glück dieses Lebens. Unsere Herzen sind derartigen Verheißungen offen. Wir warten und warten – mit zwei Stunden Verspätung kommt endlich der ersehnte D-Zug nach Regensburg. Man muß auch die Kunst des Wartens erlernen und bereit sein, den guten Geistern dieser Erde zu lauschen.

Schaippach nächst Gemünden am Main. Wir stehen auf einer Brücke über die Bahntrasse. Gleich wird die 01^{10} um die Ecke brausen. Da, ein Klicken, die Sonnenblende liegt am Boden, rollt beiseite, fällt durch das Geländer mitten auf das Bahngleis. Was tun? Ohne Sonnenblende fotografieren? Das gibt nichts Rechtes. Also herunter von der Brücke, mit Todesverachtung ins Gebüsch hinein, ein Hechtsprung bringt mich in den Graben, hinauf aufs Gleis, da liegt sie – aber schon kommt der Zug. Schnell zurück, hastiges Aufwärtsklettern mit äußerster Lungenkraft, im letzten Augenblick zuckt die Hand am Auslöser der Kamera – nun sage einer, der Wanderer am Schienenstrang könne es nicht in jeder Hinsicht mit einem modernen Fünfkämpfer aufnehmen. Die Zeit der Dampflokomotive ist zu Ende, die Zeit der Wanderungen ist vorbei. Sie haben ihren Reiz verloren. Da hilft alle Sympathie, die wir der modernen Traktion entgegenbringen, nichts. Moderne Eisenbahn und Streckenwanderung – das paßt einfach nicht zusammen.

Es gibt im Augenblick nur wenige Orte, wo sich eine Wanderung noch lohnt. Vielleicht gehört Bebra dazu? Wie lange noch? Der Weg von Weiterode aus zur alten Umgehungsbahn, auf der früher die Züge Berlin – Frankfurt den Bahnhof Bebra rechts liegen ließen, ist passabel. Die nördliche Trasse wurde abgebaut, man kann deshalb oben an der Brücke sitzen und von vergangenen Zeiten träumen – es sitzt sich schön hier oben. Der Hauptstrang nach der Grenze ist noch in Betrieb. Hier schnauft die 01^5 mit wuchtigem Schlag die Steigung nach Hönebach hinauf. Das Tal wird enger, wenn man hinter Ronshausen aufsteigt. Hinter dem Tunnelportal ist die Welt zu Ende, oben vom Berg aus kann man weit ins Thüringer Land schauen.

Dort hinten liegt Gerstungen, Symbol der hoffnungslosen Torheit unserer Menschengeschichte. 1073 und 1085 fanden hier Reichstage statt! Reichstage? Von welchem Reich?

Mollklänge beschließen unsere Betrachtungen. Nein, sie werden nicht mehr geschrieben, die „Wanderungen am Schienenstrang".

Bebra – eine Legende?

Wer heute im modernen Intercity-Express oder auch im schlichten Nahverkehrszug von Eichenberg kommend über die beiden großen Kurven Bebra erreicht, der spürt wohl nichts mehr von der Faszination, die einst von diesem großen, fast in der Mitte Deutschlands gelegenen Eisenbahnknoten ausging. Bebra – dieser Ort galt doch als ein Konglomerat aus Lokomotiven, Wagen, Lärm, Gestank, Hektik, überdeckt von einem sich ständig erneuernden Rauchbaldachin, bedrohlich scheinend, wenn man mit dem Zug vom Seulingswald herabrollte und bei trübem Wetter sozusagen in den Dunst eintauchte. Doch gleich, ob man nun von Osten, Norden oder Süden sich der Stadt näherte, man mußte einfach von dem Fluidum dieses Bahnkomplexes gepackt werden. Eisenbahn und Bebra – das galt als Einheit, Bebra als Inbegriff des Schienenverkehrs schlechthin.

Es gibt wenige Gemeinwesen in unserem Lande, die in solch schicksalhafter Weise mit der Eisenbahn verbunden sind, ja deren Namen überhaupt erst durch den Bau einer Eisenbahnstrecke aus dem Dunkel dörflicher Bedeutungslosigkeit ins Licht der Öffentlichkeit traten, dann aber in kometenhafter Weise zu einer Berühmtheit aufstiegen. Freilich ist Bebra kein Einzelfall; es gibt Orte, die ihre Existenz überhaupt erst dem Schienenstrang verdanken. Anderen verhalf die Bahn bereits in den Anfängen zu einer bescheidenen Blüte. Das Leben des Einzelnen wie auch das seiner Umgebung, seiner Behausung, seines Wohnsitzes, wird von seltsamen Zufällen, die von heute auf morgen neue Verhältnisse schaffen, beeinflußt und deren wir uns nicht zu erwehren vermögen. So dürften wohl die wenigen Bauern, die 1847 in idyllischer Beschaulichkeit in ihrem Dörfchen nahe der Mündung des Bebra-Baches in die Fulda ihrem kargen Broterwerb nachgingen, nicht schlecht gebangt haben, als die ersten Meßtrupps der „Kurfürst-Friedrich-Wilhelm-Eisenbahn" auftauchten, ihre Meßpflöcke in die Erde hämmerten und im Namen seiner Durchlaucht eine Eisenbahntrasse absteckten. Dann rückten Bautrupps an, die erste Welle des Industriezeitalters brandete über die Köpfe der verdutzten Menschen hinweg. Ein bißchen Industrie war allerdings schon vor 250 Jahren in Bebra eingekehrt, als Landgraf Friedrich I. eine bescheidene Kupferschmelze anlegen ließ.

Abseits des Dörfchens entstand ein Bahnhof, zunächst ohne viele Gleise, aber bereits mit einem kleinen Lokschuppen für eine Schiebelokomotive. Die Bahnbauer kämpften sich weiter in Richtung Thüringen voran, die Hügel des Seulingswaldes hinauf. Dort schlugen Tunnelbauer ihr Lager auf; man wollte Obersuhl erreichen, um sich dort mit den Baukolonnen der thüringischen Eisenbahngesellschaft zu vereinen, die sich von Gerstungen her an die Landesgrenze zwischen Kurhessen und dem Großherzogtum Sachsen-Weimar-Eisenach heranarbeiteten. Wer hätte damals zu denken vermocht, daß an dieser Stelle hundert Jahre später eine Staatsgrenze entstehen und das Land in zwei Teile schneiden würde, deren einer des anderen Feind sei?

Im Jahre der Bahnhofseröffnung, 1849, tat sich noch nicht viel in dem kleinen Dorfbahnhof. Die kurfürstlichen Lokomotiven hielten zwar, kuppelten aber erst in Gerstungen vom Zuge ab, um Wagen an die thüringische Maschine des Depots Eisenach abzugeben. Nein, Bebras große Stunde schlug erst im Jahre 1866, als die sogenannte Bebra-Hanauer Eisenbahn ihren Betrieb aufnahm, mit Bebra als Endpunkt und Drehscheibe zwischen Nord und Süd und Ost. Die ersten durchgehenden Wagen Frankfurt – Erfurt und weiter rollten in den Zügen, Bebra bildete die Kopfstation für alle Richtungen. Hier mußte pausiert werden, hier wechselten die Lokomotiven, hier konnten die Reisenden Erfrischungen zu sich nehmen, die der Bahnhofswirt anbot. Aus dem kleinen Dorfbahnhof entwickelte sich in wenigen Jahren ein wichtiger Bahnknotenpunkt. Von Jahr zu Jahr fügten sich neue Gleise an die vorhandenen an, das Jahr 1866 ist die Geburtsstunde jenes Bebra, wie es zum Inbegriff im Eisenbahnwesen allbekannt geworden ist. Der deutsch-deutsche Krieg von 1866 setzte neue politische Zeichen. Kurhessen hatte sich auf die falsche Seite geschlagen und wurde kurzerhand von Preußen vereinnahmt. Nunmehr ließ der preußische Staat die heute so wichtige und vielgenannte Nord-Süd-Strecke von Eichenberg über Eschwege nach Bebra verlängern. Die Einfädelung dieser dritten Hauptbahn gestaltete sich recht schwierig. Um vom Tal der Solz das Tal der Fulda zu erreichen, entstand die berühmte „Fleischerhaken-Kurve", die besonders bei den Kindern Begeisterung ausgelöst hat, konnte man doch Bebra sowohl rechts als auch links liegen sehen. Wegen der Steigung mußten bis

in die letzten Jahre der Dampfzeit die schweren Güterzüge nachgeschoben werden. Nach der Teilung Deutschlands avancierte diese Strecke zur wichtigsten Nord-Süd-Verbindung überhaupt.

Wenn meine Mutter und ich während der späten zwanziger Jahre zum Besuch der Großeltern nach Rheinhessen fuhren (Vater mußte indessen das Reisegeld verdienen), dann erklärte sie mir regelmäßig nach Passieren des Hönebacher Tunnels: „Paß auf, Bub, jetzt kommen wir nach Bebra!" Sie sprach diesen Satz nicht nur belanglos daher, nein, es klang wie die Verheißung einer ganz besonderen Feierlichkeit. Demzufolge drängte ich mich ans Fenster des schönen vierachsigen preußischen Abteilwagens – wir fuhren beschleunigten Personenzug –, um ja von den Wundern dieser Welt alles mitzubekommen. Der verräucherte Himmel

Bebra, als es noch dampfte. Ein schwerer Güterzug, geführt von Dampflok der Baureihe 44, verläßt Bebra in Richtung Sontra; Aufnahme 1960.

sorgte obendrein für einen wohligen Schauder im Herzen des Buben.

Derart ist es mir zu aller Zeit ergangen, so oft ich durch Bebra kam. Und der Hinweis meiner Mutter mag nur als Beispiel dienen, welchen Stellenwert Bebra in den Augen der Reisenden noch während der ersten Hälfte unseres Jahrhunderts genoß. Anfangs der dreißiger Jahre gab das Reichsbahn-Werbeamt eine Reihe Streckenführer für Reisende heraus. Zitieren wir, was der Autor des Heftes Berlin – Frankfurt/M, Hans Hartmann, zu unserem Thema damals schrieb:

„In Bebra, dem kleinen Ort mit 4000 Einwohnern, packt uns die Phantasie des Reisens. Hier kreuzen die Linien Finnland – Baltische/Skandinavische Länder – Berlin, Frankfurt – Basel – Schweiz – Frankreich – Spanien und Nordkap – Hamburg – Italien – Ägypten und Paris – Kassel – Leipzig – Breslau – Polen – Bukarest. Kleine Weichenstellungen, und alle Länder der Erde erscheinen vor unserem geistigen Blick. Wir fühlen uns wohl bei dem Gedanken, ja wir fangen an, ihn zu lieben, daß diese Fäden, die sich von Land zu Land, von Hauptstadt zu Hauptstadt, von Kultur zu Kultur spinnen, gerade in diesem kleinen Nest Bebra sich zu einem Knoten verschlingen. Wie viele große und berühmte Leute müssen da schon durchgefahren sein, aber auch wie viele schlichte Träger der verschiedenen Kulturen, Lebensarten, Gedanken, Schicksale – einfache Menschen , die nichts weiter wollten, als zu ihrem Ziele zu gelangen, ihre Aufgabe zu erfüllen, und die mit erstaunten Augen hier in Bebra durchs Fenster schauten und sich fragten, warum ein solcher Aufwand an Bahnanlagen, Lokomotivschuppen, Lokomotiven, Gleisen, Güterwagen, die in unendlicher Reihe dastehen."

Dem wäre nichts hinzuzufügen. Wir erwähnten, daß der Bahnhof selbst mit der Zunahme der Gleise mitwuchs. Aus betrieblichen Gründen, insbesondere nach dem Bau der Strecke nach Eichenberg-Göttingen, ergab sich eine Insellage der für die Reisenden gedachten Räume, also der Wartesäle, Betreuungs- und sonstige Zimmer, während sich das Empfangsgebäude nach dem Ort zu an der Hauptstraße befand. Auf der östlichen Seite betrat man die Bahnsteige nach Kassel, Eisenach und Frankfurt, auf der westlichen die Bahnsteige nach Eichenberg und ebenfalls Frankfurt. Die Ost-Bahnsteige genossen den Vorzug, daß man einen Blick in die beiden Lokschuppen werfen konnte. Noch 1963 dampften hier einträchtig nebeneinander Schnellzuglokomotiven der Baureihe 01, 01.5, 01.10 und die beiden Einzelgängerinnen der Baureihe 10.

Der Bahnhofswirt in Bebra hat über Jahrzehnte hinweg gute Geschäfte gemacht, besonders in jener Zeit, als es noch keine Speisewagen in den Zügen gab. Gerade in Bebra waren die Halte oftmals so bemessen, daß die Fahrgäste Zeit bekamen, sich ein, heute würde man sagen, Lunchpaket zu kaufen. Man hielt Körbe mit Lebensmitteln bereit, Brot, Brötchen, Wurst und Obst. Merkwürdigerweise galt damals kaltes Huhn als klassischer Reiseproviant. Doch seit 1893 gab es Speisewagen, der Bahnhofswirt hat's am Umsatz gemerkt und vermutlich kräftig auf die sogenannte „Modernität" geschimpft.

Einen ersten Einbruch in das Eisenbahndorado Bebra brachte das Jahr 1915. Wir erinnern uns, daß Bebra in der Relation Frankfurt-Erfurt als Kopfbahnhof galt und die Lokomotiven hier gewechselt werden mußten. Das fiel damals niemandem besonders tragisch auf, denn man war an lange Fahrzeiten gewöhnt. Aber die Lokomotiven der Jahrhundertwende waren ja mit Tendern gekuppelt, die kaum mehr als 12 m^3 Wasser und etwa 5 t Kohle enthielten. Doch im Jahre 1910 stellte die Preußische Staatsbahn ihre S-10-Lokomotiven mit Tendern von 31,5 m^3 Wasser und 7 t Kohle in Dienst. Mit diesen Maschinen war ein Durchlauf von Frankfurt/M bis Erfurt und umgekehrt möglich, ohne daß unterwegs restauriert werden mußte. Damals stand man an dieser Strecke kurz vor der Beseitigung der Elmer Spitzkehre südlich von Fulda und deren Ersatz durch den Schlüchterner Tunnel. Es lag nahe, auch für Bebra eine Umgehung zu planen, die in den Jahren 1912 bis 1915 entstand. Sie führt von Blankenheim, nördlich des Haltepunkts Mecklar, nach Faßdorf, westlich des Bahnhofs Ronshausen. Bei Breitenbach ging man 1912 daran, 100 m westlich vom bisherigen Lauf der Fulda ein neues Bett zu graben, um Platz für die Erweiterung der südlichen Einfahrgruppe nach Bebra zu schaffen. Hier zweigte die Umgehungsbahn ab. Beim Bau der Anlage wurde Vorbildliches und Zukunftsweisendes geleistet. Kreuzungsfrei schwenkten die beiden Gleise nach Osten, teilten sich bei Weiterode in ein Berliner und ein Frankfurter Richtungsgleis, um dann am Schottenberg die von Bebra kommende alte Strecke aufzunehmen. Das bis zum 983 m langen Hönebacher Tunnel damals angelegte dritte Gleis bestand nur bis zum Zweiten Weltkrieg. Durch die Umgehungsbahn ergaben sich 15 Minuten Zeitersparnis im Fahrplan. Nun rauschten die Schnellzüge an Bebra

Interzonenzug Frankfurt (Main) – Leipzig unseligen Angedenkens. Die Erfurter 01.5 führt den langen Zug durch das Tal der Ulfe von Bebra zum Hönebacher Tunnel hinauf. Es schiebt eine Bebraer 44er; Aufnahme 1965.

vorüber, für das Betriebspersonal eine wünschenswerte Entlastung. Für diejenigen, die von den Fahrgästen lebten, eine Enttäuschung. Die Herrlichkeit sollte keine dreißig Jahre dauern, der Zweite Weltkrieg schuf gänzlich andere Verhältnisse, Bebra wurde zum Tal der Tränen.

Die Teilung Deutschlands folgte den alten Länder- und Provinzgrenzen. Ein Verhängnis, wie es sich besonders in den Grenzbahnhöfen wie Bebra bemerkbar machte. Es wurde zur westdeutschen Grenzkontrollstelle, der Osten verlegte eine solche nach Gerstungen und das in einer Perfektion, die es selbst für Hasen schwermachte, zu passieren. Die Strecke Frankfurt – Erfurt wurde in Bebra zerschnitten; bis hierher fuhren die Züge mit Lokomotiven der Deutschen Bundesbahn. In Bebra kam die Lok der weiterhin so genannten Deutschen Reichsbahn vor den Zug. Galt die Ausweis- und Zollkontrolle in Bebra eher als human, so spielten sich in Gerstungen Tragödien ab, über die nach der sogenannten „Wende" mit Schweigen hinweggegangen wird. Wieviel Zittern und Zagen packte die Reisenden in Bebra, wenn sich der Zug nach Osten in Bewegung setzte, wieviel Aufatmen, wenn er auf der

Rückreise den Hönebacher Tunnel durchfuhr, für viele die Schnittstelle zwischen „Zuchthaus" und „Freiheit". Wieviel Tränen sind in Bebra vergossen worden, wieviel Hoffnungen begraben, aber auch wieviel Zuversicht wurde andererseits in diesem Bahnhof geschöpft. Es sollte unvergessen bleiben, was der andere deutsche Staat über viele Jahre hinweg seinen Mitmenschen allein an dieser Grenze zufügte, wie Grenzkontrolleure die Reisenden – es handelte sich ja vorwiegend um Rentner – schikaniert und gedemütigt haben. Es blieb keine Gemeinheit ausgeklammert. Die neue deutsche Einheit hat alles mit einem Schlag verwandelt. Die Kontrolleure von damals haben eine andere Uniform angezogen, sind Beamte geworden und – wissen von nichts!

Mit Schaffung der DDR-Grenze verlor die Umgehungsbahn ihre Bedeutung. Sie wurde anfangs von den Triebwagen der US-Besatzer genutzt, später noch von einigen Güterzügen. Dann wurde das Frankfurter Gleis abgebaut, desgleichen das dritte Gleis zum Tunnel. In den letzten Jahren verfiel die Brücke über die Bebraer Gleise, sie mußte abgebrochen werden – das (vorläufige) Ende der Umgehungsbahn.

Für den Eisenbahnfreund allerdings galt ein Besuch an der alten Hauptstrecke Bebra – Hönebach als besondere Attraktion Den „Interzonenzügen" wurde in Bebra die 01 des Betriebswerkes Erfurt vorgespannt, in späteren Jahren dann die 01.5, die dann mit großer Mühe und voller Kraftanstrengung die manchmal überschweren Züge das Streckenstück bis zum Hönebacher Tunnel hinaufschleppten. Dieser Abschnitt galt seit jeher als schwierig, muß die Bahn doch auf 10 km Entfernung neunzig Meter Höhenunterschied überwinden – eine Prüfung für die Leistungsfähigkeit der 01-Dampflokomotiven, die sie oft nicht bestanden. Viele Jahre lang wurde von Bebra mit Maschinen der Baureihen 44 und 50 nachgeschoben, denn die Kontrollzeiten in Gerstungen mußten eingehalten werden.

Das DDR-Personal, das in Bebra restaurierte, zählte immerhin als „linientreu", denn sonst hätte man es nicht einen Blick in das kapitalistische Ausland werfen lassen. Manche erwiesen sich als umgänglich, die meisten verrichteten schweigsam und verbiestert ihre Arbeit als stolze Vertreter des, wie sie meinten, real existierenden Sozialismus.

Während dieser vierzig Jahre tat sich aber noch manch anderes. Der elektrische Fahrdraht erreichte den Ort 1963, das Aus für die Dampflokomotiven. 1973 verschwanden auch die DR-Maschinen, von da ab beförderten Bundesbahn-Dieselloks der Baureihe 218 die Züge nach Gerstungen, denn der Lokwechsel war dorthin verlegt worden. Heute übernimmt die DR-Lok der Baureihe 132 den Zug bereits in Bebra. Die Elektrifizierung hat ein neues Bebra geschaffen, ein Bebra ohne Qualm, Rauch und Gestank, ein sozusagen sauberes Bebra. Die Hausfrauen werden es der Bahn zu danken wissen. Dennoch ist die Zukunft für das Eisenbahndorado Bebra nicht rosig. Eine offenbar vorausschauende Stadtverwaltung hat zwar beizeiten für das oft zitierte „zweite Standbein" gesorgt. Industrie wurde angesiedelt, neue Erwerbszweige geschaffen. Die Einwohnerzahl stieg von 1500 im Jahre 1870 auf heute rund 17 000. Wie wichtig es ist, daß sich Bebra von der Eisenbahn löste, mag daran zu ermessen sein, daß die Neubaustrecke Göttingen-Würzburg an Bebra vorbeiführt und erst in Fulda die alte Bebra-Frankfurter Bahn erreicht.

Wir wissen derzeit noch nicht, inwieweit die Nord-Süd-Richtung auch in Zukunft dem Lauf der Verkehrsströme entspricht. Unaufschiebbar dürfte die Wiederinbetriebnahme der Umgehungsbahn Blankenheim – Faßdorf sein. Doch hier gibt es noch viel zu tun. Die abgebrochene Brücke muß ersetzt werden, die Gleise neu verlegt, und – vor allem – die Strecke muß elektrifiziert werden, wobei auf östlicher Seite der Fahrdraht erst bis Neudietendorf hängt. Das Nadelöhr Hönebacher Tunnel wirft ein weiteres Problem auf. Doch beides, Nord-Süd- wie Ost-West-Verkehr, führt an Bebra vorbei. Es verbleibt der Regionalverkehr und ein Teil des Güterverkehrs, doch seine alte Größe als Eisenbahn-Brennpunkt erster Klasse wird der Bahnhof nicht mehr erreichen.

Bebras stolze Jahre rücken mehr und mehr in das Reich der Legende. Sie war keineswegs besser, die Zeit der schwarzen Qualmwolken, als in vier Lokschuppen (zwei sind bereits abgebrochen) die Maschinen jede Menge Dreck in die Luft pusteten.

Als sich in Bebra die gesamte Vielfalt an Fahrzeugen der ehemaligen Preußischen Staatsbahn wiederfand, nach 1925 ergänzt durch die neuen Reichsbahn-Einheitsloks, als man in Bebra noch umstieg und im Wartesaal vesperte, oder als man seine Koffer noch einmal wegen der nahen Kontrolle sicherte – man mag es sehen, wie man will, eines steht fest: Bebra zählt zu den wichtigsten und interessantesten Plätzen der deutschen Eisenbahngeschichte. Und für den alten Eisenbahnnarren, der sich schon als Kind in dieses vermeintliche Paradies verliebte, gehört Bebra zum Schönsten seiner Erinnerungen.

Liebe alte Bimmelbahn

Nein, nicht von großen, die Zentren der Welt verbindenden Zügen mit klangvollem Namen und verwöhntem Reisepublikum, nicht von dahinrasenden, durch Tausende von Pferdestärken vorangetriebenen Schienengiganten, nicht von eleganten Schnelltriebwagen und dem prunkenden Komfort von Speisesalon, Aussichtswagen oder Schlafkabinett soll hier die Rede sein – nein, diese Seiten sollen allein ihr gewidmet werden, der bescheidensten unter allen Kategorien von Schienenfahrzeugen – der Kleinbahn. Ist die nicht seit eh und je eine liebenswerte Erscheinung unseres Eisenbahnwesens? Sie, die ein wenig zurückgebliebene, vernachlässigte, etwas einfältige und deshalb doppelt geliebte Tochter der großen Mutter Eisenbahn?

Freilich, ihre Bescheidenheit, ihre Unscheinbarkeit, hat seit alters kaum mehr als zu Spott, zu behaglichem Schmunzeln, zu verständnisvollem Lächeln und liebenswürdigem Verstehen herausgefordert und dem Karikaturisten Stoff in Hülle und Fülle für boshafte Glossen geliefert. Aber eben darum haben wir sie geliebt, wegen dieser einmaligen Mischung von Sachlichkeit und Groteske, von Technik und Romantik, von Fortschritt und Altertümelei, eben wegen dieses alten Lokomotivchens, wegen der kleinen hölzernen Wagen, wegen des Gebots, das Blumenpflücken während der Fahrt zu unterlassen. Es war die Gemütlichkeit, die Beschaulichkeit, die Ruhe in der Bewegung, die über der Kleinbahn und ihrem ganzen Betrieb lag.

Ja, sie war von Gott, die Geruhsamkeit der Kleinbahn. Man muß mit ihr aufgewachsen, man muß neben ihren Schienensträngen groß geworden sein, um die ganze Tragweite dieses Vergleichs ermessen zu können. Unter diesem Gesichtspunkt ist es freilich kein Wunder, daß sie nicht mehr in die heutige Zeit, in der auch der alte Gott von seinem angestammten Platz vertrieben wird, hineinpaßt, ja offensichtlich als Fremdkörper im Leben steht. Sie ist nicht in der Lage, schon aus der ganzen Art ihres Baus und ihrer Betriebsweise heraus, mit der Hast, der Eile, der Unrast und Unstetigkeit unserer Tage Schritt zu halten. Gegen die Konkurrenz des Kraftwagens muß sie kläglich unterliegen. Der Fortschritt der Zeit hat sie zum Tode verurteilt, und es gibt keine Instanz, die in der Lage wäre, sie von der Vollstreckung dieses Richterspruches zu begnadigen. Sie werden verschwinden, die letzten Kleinbahnen, die noch in Betrieb stehen. Die Mehrzahl hat bereits die Pforten ihrer Bahnhöfe geschlossen, die Tore des Maschinenschuppens dichtgemacht und die Gleise abgebaut. Gras, Unkraut, Gestrüpp wuchern dort, wo früher der „Feurige Elias", die „Bimmelguste", der „Ententöter", das „Reichelsheimer Lieschen", der „Heidekraut-expreß" oder wie immer ihre liebevolle Bezeichnung lautete, lustig angebimmelt und gepfiffen kamen. Es mag sentimental klingen, wenn man am Ende dieses fest umrissenen Kapitels der Verkehrsgeschichte etwas wehmütig wieder einmal der guten alten Zeit nachtrauert, von der manche behaupten, es habe sie nie gegeben, sie sei nur eine Fiktion.

Nun mag man die Dinge betrachten, wie man will, niemand wird abstreiten können, daß ein Hauch von Gesundheit, von ländlicher Deftigkeit, von Gemütlichkeit und Poesie die Kleinbahn umgab. Wer von den Landleuten verreisen wollte, vor dreißig, fünfzig, sechzig Jahren – und wer hatte damals überhaupt Grund, eine Reise anzutreten? –, der war fast immer auf die Kleinbahn als einziges, das Land erschließende Verkehrsmittel angewiesen, sofern er nicht das Glück hatte, am Wege einer der großen Hauptbahnen zu wohnen. Wer also damals, anstatt auf Schusters Rappen seine Straße zu ziehen und mit Rucksack und Wanderstab fürbaß zu schreiten, sich den Luxus einer Reise mit der Eisenbahn gönnen wollte, der stellte sich wenigstens eine halbe Stunde vor Abfahrt des Zuges am Bahnhof ein. Bei gutem Wetter wurden Körbe und Kiepen unter der großen Linde oder Kastanie, die allzumeist das Bahnhofsgebäude überschattete und mit zu den kleinen Kostbarkeiten dieser Baulichkeit gehörte, abgestellt. Man hielt ein gemütliches Schwätzchen in der jeweiligen Mundart des Landes, man nahm regen Anteil am Geschick seines Mitmenschen, man lebte noch miteinander und nicht nebeneinander. In die lebhafte Unterhaltung mischten sich in Abständen die immer deutlicher vernehmbaren Pfiffe des heranschnaufenden Zuges. Man konnte ihn einfach nicht überhören, den Kleinbahnzug, denn Dampfpfeife und „Bimmel" waren wegen der vielen unbeschrankten Bahnübergänge ständig in Tätigkeit. Mit knirschenden Bremsklötzen und dem hastig arbeitenden Schlag der Luftpumpe – sofern das Bähnlein überhaupt schon diese luxuriöse

Einrichtung besaß – kam der Zug am Bahnsteig zum Stehen. Das Ein- und Aussteigen erwies sich als aufregende Angelegenheit. Auch das letzte Bäuerlein schien zu befürchten, der Zug würde ohne es abfahren. Man half sich gegenseitig, die Kiepe wurde hinaufgeschwungen, dann kraxelten die Bauernweiblein die hohen Stiegen hinauf, traten sich wohl bei dieser Gelegenheit auf die langen Röcke und ließen sich aufatmend und erschöpft auf die harten Bänke plumpsen. Alsbald begann das unterbrochene Bächlein der Rede wieder munter zu plätschern. Die männlichen Reisenden zogen die Tabakspfeifen aus den Taschen oder schoben den Priem in den Mundwinkel. Vorn, an der Spitze des Zuges, hob jene heftige und auch meist erfolgreiche Tätigkeit der Lokomotive an, die so ungemein zur Ruhe der Sinne und Schonung der Nerven beitrug. Der Wagen nahm seinen unnachahmlichen Rhythmus auf, Kleinbahnrhythmus, der aus einem dumpfen, das Rückgrat der Fahrgäste arg strapazierenden „rumbumm – rumbumm – rumbumm --" bestand.

Niemand nahm Anstoß an der einfältigen Art der Beförderung, man stellte keine Ansprüche, man war zufrieden, nicht laufen zu müssen, man war bescheiden und empfand als Luxus, was wir heute als Martyrium bezeichnen würden. Ja ich weiß, man kann die Dinge natürlich auch anders sehen, man kann sie mit der Überheblichkeit des Zeitgenossen von heute betrachten, man kann über den so langsamen Betrieb die Nase rümpfen, kann über die hart gefederten Wagen mit den schlecht schließenden Türen und Fenstern oder über die mangelhaften sanitären Verhältnisse klagen, man kann den Schmutz und Ruß verlästern – natürlich kann man das alles und sich über den immensen Fortschritt der Technik im Gegensatz zu dieser altväterischen Einrichtung freuen. Aber wollen wir die Dinge wirklich so betrachten? Haben gerade unsere Kleinbahnen nicht ein gerüttelt Maß Anteil an eben diesem Fortschritt der Welt? Kommt ihnen über der rein verkehrsmäßigen Erschließung des Landes nicht eine stärkere, kulturelle, eine geistige Bedeutung zu? War die Kleinbahn in Wirklichkeit nicht die stärkste Waffe gegen Rückständigkeit, gegen Stumpfheit des Daseins, gegen die Auswüchse einer degenerierten Lebensweise in weltabgelegenen Ortschaften? Gegen Hexenwahn und Geisterkult, gegen Unduldsamkeit und Umweltfeindschaft, gegen Inzucht und Dummheit? Hinter dem Berg wohnen auch Leute! Das rief doch die „Bimmel" der Kleinbahn der oft in geistiger Einfalt dahinlebenden Landbevölkerung täglich mehrmals zu. Mit der Eisenbahn

Das ist die stärkste deutsche Tenderlokomotive. Sie gehörte den gräflich Ballestremschen und Borsigschen Steinkohlenwerken Peiskretscham in Oberschlesien und wurde 1936 von Borsig für den Dienst auf der Sandbahn gebaut.

ganz allgemein kamen Handel und Wandel in Gang, mit ihr im Gefolge erschien die Zeitung, kam das Buch, kam die Technik als stärkste Waffen vor der großen Revolution durch Kino und Radio. Mit dem ersten Kleinbahnzug, der von Kunzendorf nach Entenbach pfiff und bimmelte, zogen Zivilisation und Kultur in der Worte bester Bedeutung in das abgelegene Land ein. Der Lokomotivenpfiff war das Fanal der neuen Zeit, er blies den Leuten die Scheuklappen von den Augen, machte taube Ohren hören und öffnete die verschlossenen Herzen. Wo immer sie auftauchte, mit der Eisenbahn zogen Aufgeschlossenheit und Weltoffenheit im Gefolge einher. Wer denkt noch daran, daß bis in die Mitte des vorigen Jahrhunderts hinein in einsamer Gegend der Räuber mit Schnappsack, Metzgermesser und Donnerrohr sein Unwesen trieb? Zweifellos begehen wir oft den Fehler, nur die guten Seiten der Vergangenheit und die Schattenseiten der Gegenwart miteinander zu vergleichen. Bei der Betrachtung unserer Neben- und Kleinbahnen dürfen wir hier jedoch ein ruhiges Gewissen haben. Allerdings wollen wir ihrem Dahinschwinden nicht in romantischer Schwärmerei nachtrauern, vielmehr ihnen in herzlicher, bewundernder, achtungsvoller Freundschaft treue Erinnerung bewahren, so, wie es im Titel unseres Kapitels zum Ausdruck kommt Liebe alte Bimmelbahn!

Dabei ist die Frage gar nicht einfach zu beantworten, die zwangsläufig auftaucht: Was ist das denn eigentlich, eine Bimmelbahn? Die Fülle der Erscheinungsformen, die sich uns bei Prüfung des Tatbestandes bietet, ist überwältigend. Wie viele solcher Bahnen und Bähnchen hat es doch gegeben! Und alle waren sie voneinander verschieden. Auf wenigstens sechs verschiedene Spurweiten verteilen sie sich. Innerhalb ihrer Kategorie ist wiederum jede nach anderen Gesichtspunkten angelegt, jede Bahn folgt eigenen Entwicklungsgesetzen, wie es in der Fülle verschiedenster Konstruktionen von Lokomotiven und Wagen zum Ausdruck kommt. Dabei wollen wir die Straßenbahnen gänzlich außer acht lassen. Sie fallen zwar auch in das Gebiet der Kleinbahnen und besaßen zum Teil beachtliche Ausdehnung. Sie bilden aber ein Kapitel für sich, und wir begegnen ihnen nur dort, wo sie den Charakter von Überland-Kleinbahnen angenommen haben und wo – das ist vielleicht ein Charakteristikum – auf ihnen auch Güterverkehr herrscht.

Der Gesetzgeber hat beizeiten erkannt, daß diesen mit einfachen Mitteln betriebenen Bahnen eine erhöhte Bedeutung bei der Erschließung des Landes zukam. So hat es frühzeitig in den Ländern Bestimmungen gegeben, die den Betrieb von zweitklassigen Bahnen ermöglichten.

Wenn wir die Dinge sachlich betrachten, so gibt es eigentlich nur zwei deutlich voneinander zu trennende Arten von Bahnen: Solche mit normaler und mit schmaler Spurweite. Man kann auch juristisch eine Trennungslinie ziehen zwischen Bahnen, die auf Grund der für den allgemeinen Verkehr gültigen gesetzlichen Bestimmungen gebaut wurden (in den meisten deutschen Ländern nach den alten Eisenbahngesetzen – solche Bahnen werden allgemein als Neben-, Sekundär-, Lokal- und Vizinalbahnen eingestuft, auch wenn ihr Eigentümer nicht der Staat ist -), und in Preußen Eisenbahnen, die nach Erlaß des Gesetzes über die Kleinbahnen und privaten Anschlußbahnen vom 28. Juli 1892 entstanden sind. Dieses bekannte Gesetz stellt den Begriff der „Kleinbahn" erstmals besonders heraus, wie sie in Preußen zu besonderer Bedeutung gelangt ist. Ausschlaggebend für diese gesetzliche Regelung war die Überlegung, daß man Ende der achtziger Jahre des vergangenen Jahrhunderts die so notwendige weitere Erschließung des Landes, besonders des preußischen Ostens, durch die Eisenbahn mit dem System der Staatsbahnen nicht für wirtschaftlich hielt. Um 1880 waren Streckensystem und Betriebsweise der

Staatsbahn im wesentlichen festgelegt. Diese sah eine strikte Trennung von Personen- und Güterbeförderung vor, für beide Betriebsarten gab es getrennte Vorschriften. Diese Trennung hielt man aber im Hinblick auf die zu erwartende Betriebsweise der neu anzulegenden Bahnen nicht für wirtschaftlich. Es mußte eine Betriebsweise gefunden werden, die es den Unternehmen ermöglichte, die Betriebsausgaben und die zu erwartenden Gesellschaftskosten mit den Einnahmen in Einklang zu bringen. Der preußische Staat regelte diese Fragen in vorbildlicher Weise in dem oben erwähnten Gesetz und gab auch gleich in dessen § 1 eine entsprechende Definition:

„Kleinbahnen sind die dem öffentlichen Verkehr dienenden Eisenbahnen, welche wegen ihrer geringen Bedeutung für den allgemeinen Eisenbahnverkehr dem Gesetz über die Eisenbahnunternehmungen vom 3. November 1838 nicht unterliegen."

Nun wissen wir es ganz genau. Da aber vor 1892 bereits eine Reihe von privaten Nebenbahnen auf Grund der Bestimmungen von 1838 entstanden waren, finden wir in Preußen zwei Arten von Bimmelbahnen, die älteren – offiziell Nebenbahnen geheißen – und die jüngeren, nunmehr nach dem Wortlaut des Gesetzes „Kleinbahnen". Als Unternehmer und Gründer der Kleinbahnen, die nach 1892 zahlreich entstanden, treten die verschiedensten Körperschaften, Aktiengesellschaften und Privatleute auf. Wir verzeichnen gemeindeeigene, kreiseigene (Kreisbahn), landeseigene Bahnen, aber auch von kapitalkräftigen Unternehmen betriebene Linien (Lenz & Co., Hermann Bachstein, Vering & Waechter u. a.). Besonders das Unternehmen von Lenz & Co. entwickelte sich alsbald zum größten preußischen privaten Kleinbahn-Unternehmen.

Wir erwähnen mit Absicht das preußische Gesetz über die Kleinbahnen, denn diese spielen dort die größte Rolle, denken wir nur an die großen landwirtschaftlich genutzten Gebiete des damaligen preußischen Ostens. So verzeichnet die Statistik im Jahre 1909 in Preußen allein 245 Kleinbahnen, auf denen 1099 Dampflokomotiven, 2557 Personenwagen und 13 949 Güterwagen liefen. Das dichteste Kleinbahnnetz bestand in Pommern, dort entfielen bereits im Jahre 1905 8,28 km Kleinbahn auf je 10 000 Einwohner. An zweiter Stelle folgte Schleswig-Holstein mit 5,11 km. In punkto Kleinbahn war Schlesien noch unterentwickelt, dort gab es nur 1.08 km auf 10 000 Einwohner. 13 preußische Bahnen waren länger als 100 km, 25 länger als 80 km, die außerpreußischen Kleinbahnen waren sämtlich kürzer, sie spielten in den anderen Bundesländern nur eine ganz untergeordnete Rolle.

Das Kleinbahngesetz von 1892 regelte auch genau den Betriebsdienst der Bahnen; getrennt nach Normalspur und Schmalspur. Es legte die größte Fahrgeschwindigkeit auf 30 km/h, später auf 40 km/h fest, bei Vorliegen einer Sondergenehmigung der Aufsichtsbehörde waren 50 km/h das höchste des Erreichbaren. Gerade diese Vorschriften hinsichtlich der Geschwindigkeit sind aber für die Fahrzeugentwicklung ausschlaggebend gewesen. Denn man ging vom Güterzugdienst der Staatsbahnen aus, der damals mit Geschwindigkeiten von 30 und 40 km/h betrieben wurde. Demzufolge genügten auch in den ersten Jahren nach Aufkommen der Kleinbahnen Lokomotiven einfachster Konstruktion, für die normalspurigen Bahnen zwei- oder dreifach gekuppelte Tendermaschinen preußischer Regelbauart, auf den Schmalspurstrekken verrichteten wahre Knirpse von Lokomotiven Dienst. Später, als der Verkehr einen gewissen Aufschwung nahm und höhere Zugleistungen verlangt wurden, gesellten sich auch Gelenklokomotiven der Bauart Mallet und Meyer, also Maschinen mit zwei Dampf-Drehgestellen, dazu.

Mit diesen einfachen Maschinen sind einzelne Bahnen bis in die Gegenwart ausgekommen. Aber wie es nun einmal mit jedem Durchschnittselement ist, es stimmt dann nicht mehr, sobald sich eine der Bedingungen ändert. Und meist entwickelte sich der Personen- oder der Güterverkehr anders als vorausgesehen. Die Bahnen schritten zur Beschaffung von für ihren Zweck speziell geeigneten Typen, es kam zu jener sattsam bekannten Vielfalt von Lokomotivkonstruktionen. Der Ankauf von älteren Staatsbahnlokomotiven ging Hand in Hand mit dem Entwurf eigener Baumuster, dem schließlich Typisierungsbestrebungen der Industrie folgten, die im Entwurf der bekannten ELNA-Lokomotivreihe gipfelte. Nach dem Zweiten Weltkrieg gab es abermals Neuentwürfe, die indes nur noch in geringer Anzahl bestellt wurden, denn die Tage der Kleinbahnen waren gezählt. Sie verschwanden fast alle, der Straßenomnibus übernahm ihren Platz, und die ganze einstige Vielfalt der Bimmelbahnen gehört heute der Geschichte an. Auf den letzten Strecken versehen Diesellokomotiven oder Dieseltriebwagen den geringen Dienst.

Jenseits der Grenzpfähle bietet sich im benachbarten Österreich ein gleichermaßen vielfältiges Bild kleiner und größerer Bahnen, so daß zwangsläufig eine Ausweitung des Themas auf den deutschsprachigen Raum überhaupt stattfand. Es lassen sich viele Gesichtspunkte finden, Ordnung in das Chaos zu bringen, aber bewerten wir diese Dinge nicht über. Es geht nicht um Klassifizierungsbestrebungen, es geht allein darum, in unserer schnellebigen Zeit die Bedeutung dieses einst so wesentlichen Verkehrszweiges nicht aus der Erinnerung zu verlieren.

Denn es ist eine andere, eine versunkene Welt, die sich in unseren Blättern widerspiegelt, es ist eine andere Zeit. Wir erwähnten bereits, was jedes Bähnlein damals für seine Landgemeinden bedeutete. Wie man sich zwar vor seinem Bau heftig in den Haaren lag, wie man lautstark im Wirtshaus dagegen und dafür stritt, aber der Fortschritt dann in den meisten Fällen siegte. Wie dann der Zugverkehr allmählich in das Leben der einfachen Menschen eingriff, daß man sogar die Tageszeit nach dem Pfiff der Lokomotive bemaß. Noch bei den Großeltern des Verfassers war es üblich, daß man erst zu Bette ging, wenn der letzte Kleinbahnzug mit langgezogenem Pfiff den Berg herab ins Städtchen gepoltert war und sozusagen dem Tag sein Ziel gesetzt hatte. „Der letzte Zug ist herein", hieß es dann, „nun können wir zur Ruhe gehen."

Eine oft unbewußte Liebe verband die Bevölkerung mit ihrer Kleinbahn. Man schimpfte zwar über sie, über ihre Bedächtigkeit, über ihren Rauch, über ihr lärmendes Gepfeife und Gebimmel, aber man liebte sie. Man wurde gemeinsam mit den Lokomotiven und Wagen alt, es waren ja immer die gleichen. Man kannte die Bahnbeamten, man kannte die Strecke, die Klein-Kleckersdorf mit der großen Welt verband, Freud und Leid teilte man mit seiner Bimmelbahn in guten und bösen Tagen. Die vielen rauh-zärtlichen Bezeichnungen sind Beweis dafür. Schließen wir unsere Worte mit den Versen des erzgebirgischen Dichters Max Nacke, die er seinem Bähnlein, der alten schmalspurigen Müglitztalbahn Heidenau-Altenberg gewidmet hat und die alles das wiedergeben, was zu diesem Thema noch zu sagen verbleibt.

's Bimmelbahnel

Hab ich ,nen guten Freund um mich, den möcht ich nimmer meiden.
So ist es wohl mit jedem Ding, da läßt sich gar nicht streiten.
Wenn ich etwas recht lange hab' und soll es von mir geben,
Dann tut mir's leid, wie uns're Bahn, 's ist mir ein Stückchen Leben.
Alte gute Bimmelbahn, bimmel bimmel bum,

Keuchst du nun schon manches Jahr um den Neufang 'rum.
Kommst du oben in Altenberg die Steigung sacht heran,
Grüß ich dich mit Herz und Hand, du alte Bimmelbahn.
Kommt ihr Leute, schiebt ein bissel, kommt ihr Leute, schiebt
ein bissel, kommt ihr Leute, schiebt ein bissel, schiebt!
Angeschlängelt kommt es früh, unser Bimmelbahnel,
Rädchen sind nicht größer dran, als am Leiterwagel'.
D' Lok'motiv dampft sachte hin mit ihr'm dicken Kopf,
Und der Hammer schlägt im Takt auf den alten Topf.
Alte, gute Bimmelbahn, bimmel bimmel bum,
Keuchst du nun schon manches Jahr um den Neufang 'rum.
Kommst du oben in Altenberg die Steigung sacht heran,
Grüß ich dich mit Herz und Hand, du alte Bimmelbahn.
Kommt ihr Leute, schiebt ein bissel, kommt ihr Leute, schiebt
ein bissel, kommt ihr Leute, schiebt ein bissel, schiebt!

Bahnhof Gerbstedt, Jugendidyll und Alterstraum des Verfassers. Der Zug der Halle-Hettstedter Eisenbahn, geführt von Lok 151, macht sich auf den Weg zur Endstation; 1935.

Wie lange ist es doch her, daß ich während der Schulferien zu den Großeltern nach Gerbstedt fuhr? Gerbstedt – so hieß eine kleine Stadt, in den Vorharzbergen gelegen, deren größte Besonderheit war, daß es sich – in meinen Augen – um einen bedeutenden Bahnknotenpunkt handelte. Da gab es einmal die Halle-Hettstedter Kleinbahn, die den Ort mit der großen weiten Welt verband.

Zum anderen zweigte dort eine zweite Bahnstrecke ab, deren Gleis direkt hinter dem Garten des großelterlichen Anwesens entlang führte.

Hier trug sich nun jene wichtige und überwältigende Begebenheit zu, die auf mein ferneres Leben nachhaltigen Einfluß nehmen sollte: Meine erste Fahrt auf dem Führerstand einer Dampflokomotive. Sie sollte sich auf jener eben erwähnten Zweigbahn abspielen, die Gerbstedt mit der Saale hellem Strande verband.

Ich hatte mich mit dem alten Lokführer Schneider angefreundet, der Verständnis für die Sehnsüchte eines Buben besaß. Um aber kein allzu großes Aufheben von der Geschichte zu machen, wurde beschlossen, ich sollte bis zur nächsten Station zu Fuß vorausmarschieren. Dort wollte er mich dann für den Rest der Fahrt mit ins Führerhaus nehmen.

Gesagt, getan. Der große Tag kam heran. Voll freudiger Erwartung pilgerte ich zum nächsten Bahnhof, natürlich auf den Bahngleisen entlang. Bahnhof wird vielleicht etwas hochtrabend ausgedrückt sein. Dort, wo besagter Ort lag, stand lediglich so eine Art „Unterstand" für die Reisenden (sofern es einmal welche gab), daneben ein alter Schuppen und schließlich nicht weit entfernt ein kleines Häuschen, in welchem ein Bahnbediensteter wohnte. Hier harrte ich nun der großen Ereignisse, die auf mich zukommen sollten.

Sie kamen. Um die im Fahrplan angegebene Zeit rollte der Zug heran. Lokführer Schneider winkte mir schon freundlich aus dem Führerhaus zu. Mit quietschenden Bremsen kam der Zug zum Stehen, pochenden Herzens enterte ich die Leiter zum Führerstand empor und stand nun dort, wo man als Bub früher die Vorstufe zum Paradies wähnte und den Lokführer als einen nahen Verwandten vom lieben Gott.

Die Lokomotive – es war die Nummer 181 der ELNA-Bauserie – war rückwärts vor den Zug gekuppelt, wir mußten also, da es sich um eine Tenderlokomotive handelte, durch die beiden zu Seiten des Kohlenbehälters befindlichen Bullaugen, sprich Fenster schauen. Lokführer Schneider hatte mir das Hinauslehnen zur Tür strikt untersagt, damit ich nicht etwa bei der bevorstehenden schwindelerregenden Reise hinauspurzeln könnte.

Um der Wahrheit die Ehre zu geben, eine imponierende Fuhre war es nicht gerade, die ich auf meiner ersten Führerstandsfahrt begleitete. Auf die Lokomotive folgte ein Packwagen, dann ein Personenwagen 2. und 3. Klasse, zum Schluß noch ein Güterwagen. Drei Wägelchen also, dazu lag die ganze Strecke noch im Gefälle, der Meister stellte also nach etwa hundert Metern Anfahrt auf Leerlauf um – das war die ganze Kunst.

Habe ich das damals überhaupt gemerkt? Der Leser wird mir gewiß glauben, daß die Aufregung des kleinen Buben die Dimensionen fast ins Unendliche verschob. Die Fremdartigkeit des Führerhauses mit dem Kessel und seinen vielen geheimnisvollen Armaturen, die Verrichtungen der beiden Maschinisten, der Geruch nach Kohle und Öl, das alles trug ein weiteres zu der ohnehin schon spannungsgeladenen Atmosphäre bei.

Ein Pfiff, die „Bimmel", das Dampfläutewerk, trat in Tätigkeit – die Reise ging los.

Nein, sie ging nicht los. Die Hühner des erwähnten Bahnbediensteten beschäftigten sich mitten auf dem Gleis emsig mit der Nahrungsaufnahme, das Gebimmel vermochte sie keinesfalls in solchem Tun zu stören. Also mußte der Heizer aus dem Führerhaus herunterklettern und das Federvieh beiseite scheuchen. Der Mann war nicht zart besaitet, kreischend und gackernd stob alles auseinander, und aus allen Ecken klang das Geschimpf dieser nützlichen Haustiere.

Nun war die Bahn frei, der große Augenblick nahte, der Lokführer öffnete den Regler, es machte „pfätsch", die Lok setzte sich in Bewegung, und alsbald klang das wohlbekannte „schaffe schaffe schaffe schaffe – - -" aus allernächster Nähe. Ich war einfach selig. Wir rumpelten das stille Tal hinab, in jeder Kurve quietschten die Räder abscheulich, auch sonst nickte und wankte die Maschine beängstigend, denn die Schienen waren einfach und billig verlegt. Alle naselang kreuzte ein Feldweg die Bahntrasse, dann wurde gebimmelt und gepfiffen, und die einzige Tätigkeit des Lokführers bestand aus dem An- und Abstellen dieser beiden Vorrichtungen. Auch der Heizer lehnte müßig aus dem Fenster, es wurde ja kaum Dampf auf der Talfahrt gebraucht.

Welch ein Erlebnis für mich, hier oben zu stehen. Selbstbewußt schaute ich aus dem Fenster, und wer mich sah, mußte vermuten, ich sei der Sohn vom Bahndirektor persönlich.

Die Reise war nicht lang. Nach zwei weiteren Stationen hatten wir schon das Ziel erreicht. Dort stieg ich ab und wartete, bis die Rangierbewegungen durchgeführt waren. Der Güterwagen wurde abgehängt und an die Laderampe geschoben. Dafür wurde ein anderer Güterwagen angehängt und von dem zur Saale führenden Gleisstutzen noch zwei Flachwagen geholt. Schließlich dampfte

Bis zum Ende der Dampfzeit im Klein- und Nebenbahndienst tätig: Die ELNA-Lokomotiven. Hier die Type 2 der Butzbach-Licher Eisenbahn 1961.

die Lok ans andere Ende des Zuges. Doch dann war immer noch massig Zeit bis zur Rückfahrt, welche die beiden Maschinenmänner in der Bahnhofswirtschaft verbrachten, während ich draußen herumstrolchte. An eine Überschreitung des Verbotes, ja nicht auf den Führerstand zu gehen, wagte ich nicht im Traum zu denken.

Auch die Zeit des Wartens verging, die Lokmänner und der Zugführer spielten noch einen letzten Grand mit Vieren, tranken ihr Bier aus, und dann ging es wieder auf den Führerstand. Die Rückfahrt führte talauf, nun ertönte wenigstens die geliebte Blasrohrmusik, zumal wir es auf fünf Wagen Anhängelast gebracht hatten. Mit Bangen sah ich jedoch das Ende der herrlichen Fahrt herannahen, die zwei Stationen würden bald hinter uns liegen, dann aber hieß es für mich wieder absteigen.

Da griff das Schicksal ein, es sollte zu einer Verlängerung der Fahrtzeit kommen. Vor dem kleinen Haltepunkt Zabitz führte die Landstraße über das Gleis oder, wenn man will, das Gleis über die Landstraße. Und eben dort tat sich ein unerwartetes Hindernis in Gestalt einer Herde Kühe auf, die sich just auf dem Gleis häuslich niedergelassen hatten.

Schimpfend und fluchend brachte der Lokführer den Zug zum Stehen. Die Dampfpfeife wimmerte gellend in den schönen Tag, der Klöppel des Läutewerkes hämmerte lautstark seinen Takt, umsonst, die Vierbeiner fühlten sich offensichtlich nicht angesprochen. Wir wurden gewahr, wie sich eine Bauersfrau verzweifelt mit Hilfe eines Steckens mühte, die lieben Milchspender wieder in Gang zu bringen. Ich weiß nicht mehr, ob sie gerade einen Sitzstreik beschlossen hatten, denn nur höchst widerwillig trollten sie sich eine nach der anderen, vielleicht auch aus der Erkenntnis heraus, daß der Klügere am besten nachgibt. Zwei der lieben Tierchen rührten sich indes nicht, glotzten vielmehr dickköpfig die Lokomotive an. Ein bedächtiges „Muuuh" war das einzige Zeichen, das sie von sich gaben. Die Lage wurde dramatisch. Lokführer Schneider, der Heizer und ich kletterten vom Führerstand herunter und versuchten mit viel Geschrei, mit „Heh" und „Holla", das Hörnerviehzeug auf den Pfad der Tugend zurückzuführen. Außer einem weiteren „Muuuh" blieb unserem Bemühen jedoch der Erfolg versagt. Wohl erhoben sich die Tiere, als wir handgreiflich wurden. Aber als der Lokführer versuchte, eine Kuh am Schwanze zu packen, da strich sie ihm die Quaste so gezielt über das Gesicht, daß ihm ein weiterer Versuch verleidet wurde. Es war wie im Theater. Die Bäuerin verfügte zudem über ein beachtliches Reservoir an Schimpfwörtern. Im Hintergrund dieser rustikalen Szene aber dampfte unsere 181 als unschuldig schuldige Ursache allen Übels.

Jetzt wurde es dem Lokführer zu bunt, der Generalangriff ward beschlossen. Wir kletterten alle wieder ins Führerhaus. Der Meister ließ die Bremse angezogen, öffnete den Regler und gleichzeitig die Zylinderhähne. Mit ohrenbetäubendem Zischen strömte eine gewaltige Dampfwolke ins Freie, ein Krach wie bei einem Kanonenschuß ertönte aus dem Schornstein – bei angezogener Bremse sah das ja nun aus, als hätten wir einen 500-t-Zug am Haken. Die Dampfwolke versperrte uns die Sicht, als wir uns langsam mit donnerndem Auspuff in Bewegung setzten. Dazu schepperte die Bimmel und jaulte die Dampfpfeife – es war einfach phantastisch.

Doch nach wenigen Radumdrehungen hieß es Regler zu, Zylinderhähne zu – wir standen. Als sich die Dampfwolke verzogen hatte – ei sieh da –, das Gleis war frei, unsere beiden Belagerer rannten in angstvollem Galopp querfeldein, die Bäuerin schreiend hinterdrein. Mit lachenden Gesichtern dampften wir als stolze Sieger weiter, offensichtlich war die Überlegenheit der menschlichen Intelligenz gegenüber der einfältigen Kreatur deutlich bewiesen.

Die Fahrt ging rasch zu Ende, es hieß für mich aussteigen, der Zug fuhr ohne mich weiter, ich aber wanderte mit stolzgeschwellter Brust dem Haus der Großeltern zu, denn ich war ja das erste Mal auf dem Führerstand einer Lokomotive gefahren und hatte darüber hinaus noch ein gefährliches und verwegenes Abenteuer bestanden. Die Lokomotiven der „Hettstedter" sind mir bis heute unvergeßlich geblieben. Auch der wenig geübte Laie konnte erkennen, wie blank die Lokomotiven geputzt sind, welche Pflege das Maschinenpersonal bei meist schlechter Bezahlung den Maschinen angedeihen ließ. Eine derartige Einstellung zum Beruf ist heute Legende, sie kommt auch nie wieder. Das Wort Pflicht galt damals noch als selbstverständlicher Begriff, über den es nichts zu diskutieren gab. Bestreben aber war, über diese Pflicht hinaus zu tun, was dem einfachen Menschen innere Befriedigung verlieh und ihm schlicht Sinn und Inhalt des Lebens bedeutete. Mit dem Zweifel an letzterem ging die große Umkehr unserer Morallehre Hand in Hand.

Das schönste an den Lokomotiven der „Hettstedter" aber war das „Pfätsch"! Wer es nie gehört hat, kann einfach nicht mitreden, das schien sozusagen der Posaunenstoß, der den Beginn des Fahrens ankündigte. Dieser Zischlaut war eine Besonderheit der Krauss'schen Elna-Lokomotiven. Vielleicht hilft eine kurze Erklärung dazu, jene liebenswerte Eigenschaft in der Erinnerung zu bewahren.

Die Lokomotiven trugen auf der Naßdampfkammer des Dampfsammelkastens ihres Überhitzers ein Luftsaugeventil (man konnte es deutlich zwischen Dom und Schornstein beobachten). Dieses Ventil öffnete sich, sobald der Regler geschlossen wurde und ein Unterdruck in der Kammer entstand. Man glaubte, auf diese Weise durch Zuführung von Frischluft die empfindlichen Rohrbündel des Überhitzers kühlen zu können. Öffnete nun der Lokführer erneut den Regler, dann strömte Dampf in die Naßdampfkammer des Überhitzers, mit einem lauten „Pfätsch" oder auch „Pfäpp" schloß sich das Ventil. Kurz vor dem Schließen sahen wir oft noch ein kleines Dampfwölkchen entweichen. Der Dampf konnte nun den Überhitzer durchströmen und seine Arbeit leisten.

Das gleiche Ventil besaßen auch die in jenen Jahren an andere Bahnen gelieferten Lokomotiven (Kassel-Naumburg usw.) sowie die bekannten Hauptbahnlokomotiven der Baureihen 39 und 95, nur daß es bei den 39ern mehr wie „tschötsch" klang, sofern man bei derartig technischen Vorgängen überhaupt Lautmalerei gelten lassen will, die letztlich in jedem Ohr anders klingt.

Viele Jahre sind vergangen, seit es zum letzten Male „pfätsch" gemacht hat. Es sind die kleinen Dinge, eigentlich die Nebensächlichkeiten, die das Leben und damit auch die Erinnerung liebenswert machen.

Von der 01 zur 10 001 – meine Zeit

Manchmal, wenn ich den Lärm der Stadt nicht mehr ertragen kann, wenn ich es leid bin, wie ein gehetztes Stück Wild in Todesangst über die Straße zu springen, wenn ich mehr und mehr ratlos dem Strom der hektisch mit verbissenen Mienen ihren Verrichtungen nachgehenden Menschen entgegenschaue, dann ergreife ich die Flucht und gehe zum Bahnhof, setze mich auf dem Bahnsteig auf die für wartende Reisende vorhandene Bank, den Lärm der Stadt hinter mir zu lassen und die Ruhe des Bahngeländes zu genießen. Ist das nicht paradox? Hat die Schizophrenie unserer Zeit bereits einen derartigen Zustand erreicht, daß sich alle Dinge ins Gegenteil verkehrt haben? Der Bahnhof – Insel des Friedens – Oase der Ruhe? Die Brandung des Verkehrslärms bricht sich am altertümlichen Bahnhofsgebäude. Zwischen den Gleisen suchen Spatzen nach Eßbarem oder fechten ihren Familienzwist lautstark unter dem Bahnsteigdach aus. Der Aufsichtsbeamte tritt von Zeit zu Zeit gelangweilt aus der Tür seines Dienstraumes und schaut nach, ob die Gleise noch vorhanden sind.

Die Eisenbahn ist für den Mitteleuropäer nur noch dem Namen nach vorhanden, ihre Anlage ist unter völlig anderen Voraussetzungen getroffen worden, sie kann mit der Entwicklung des Straßenverkehrs schon aus der Sache heraus nicht Schritt halten. Die Bequemlichkeit des vor der Tür stehenden Autos, die hierdurch möglich gewordene Mobilität des einzelnen, nicht zuletzt die soziale Aufwertung des kleinen Mannes durch den Besitz eines Statussymbols von Rang, haben die Eisenbahn zu einem Relikt aus altertümlichen Verhältnissen werden lassen. In einer Zeit, in welcher der sogenannte Normalverbraucher problemlos nach fernen Kontinenten „jettet", sich zur Flugreise „eincheckt" oder das Glück seines Lebens im Stau auf der Autobahn findet, weiß die Mehrheit der Zeitgenossen nicht mehr, wie es überhaupt auf dem Bahnhof aussieht.

Aber machen wir uns nichts vor, die Eisenbahn ist von Anfang ihres Daseins an nie geliebt worden. Es war immer nur ein verschwindend kleiner Prozentsatz Zeitgenossen, die sich dem Genuß des Reisens und des Schauens in die Landschaft hingegeben haben, die staunend vor dem Lokomotivungeheuer standen oder schon beim Betreten des oft imposanten Bahnhofsgebäudes Vorfreude auf die Reise verspürten. Der Eisenbahn haftete immer etwas Unheimliches an. Das ist es ja gerade, was uns überrascht: die dem Menschen innewohnende Angst vor der Reise mit der Bahn im Gegensatz zu der Selbstverständlichkeit des mörderischen Autos, heute sogar des Flugzeugs.

Es war zunächst die unbekannte Technik, die den Menschen des aufkommenden Industriezeitalters vor der Eisenbahn scheuen ließ. Hinzu kam von Anfang an der obrigkeitliche Status der Bahn. Die Bahnbeamten fühlten sich wie auf dem Kasernenhof, die Fahrgäste waren die Rekruten. Vielleicht hat auch die Versorgung der altgedienten Berufssoldaten durch den Staat eine Rolle gespielt, denn die Bahn nahm sie gern auf, die „Zwölfender", die einen Versorgungsschein erhalten hatten. Insofern bot sich die Bahn als logische Fortsetzung des Militärdienstes an.

Es mag auch die Originalität der Dampfkraft gewesen sein, die sich ja viel geräusch- und effektvoller der Öffentlichkeit darbot als unsere heutige elektrische Traktion. Schließlich war der „Service" bei den Eisenbahnen nie sehr kundenfreundlich. Schon das Wort „Beförderungsbestimmungen" las sich bedrohlich. Die Unsicherheit in der Benutzung des Zuges, im Studium des Fahrplans, hat sich bis in die Gegenwart erhalten. Vielen Menschen ist die Eisenbahn entfremdet. Das größte Unheil dürfte eintreten, wenn das Auto versagt und der Fahrer auf ein öffentliches Verkehrsmittel angewiesen ist, um seinen Arbeitsplatz zu erreichen. Schon die Beschaffung einer Fahrkarte schafft Probleme. Im Zeitalter der Flugreisen ist man daran gewöhnt, eine Fahrt „zu buchen". Hier hat sich die Bahn schon halbwegs angepaßt. Wo früher der Schrank mit den vorbereiteten braunen und grünen Kärtchen stand oder sich der Fahrkartendrucker befand, da erwartet heute ein Bildschirm mit umständlicher Bedienung die Reisenden. Die „Buchung" einer Reise dauert doppelt so lange wie früher. So schreckt in Verbindung mit den hohen Fahrpreisen die Eisenbahn heute auch noch ihre letzten treuen Kunden ab. Der Bus bietet eine wesentlich einfachere Alternative und ist auch dementsprechend beliebt.

Thomas Mann hat vor Jahrzehnten seine Eindrücke von einer Reise geschildert; sie sind so gehalten, daß sie auf viele Menschen zutrafen:

„Ich reise gern mit Komfort, besonders, wenn man es mir bezahlt. Ich benütze den Schlafwagen, hatte mir tags zuvor ein Abteil erster Klasse gesichert und war geborgen. Trotzdem hatte ich Fieber, wie immer bei solchen Gelegenheiten, denn eine Abreise bleibt ein Abenteuer, und nie werde ich in Verkehrsdingen die rechte Abgebrühtheit gewinnen. Ich weiß ganz gut, daß der Nachtzug nach Dresden gewohnheitsmäßig jeden Abend vom Münchener Hauptbahnhof abfährt und jeden Morgen in Dresden ist. Aber wenn ich selbst mitfahre und mein bedeutsames Schicksal mit dem seinen verbinde, so ist das eben doch eine große Sache. Ich kann mich dann der Vorstellung nicht entschlagen, als führe er einzig heute um meinetwillen, und dieser unvernünftige Irrtum hat natürlich eine stille, tiefe Erregung zur Folge, die mich nicht eher verläßt, als bis ich alle Umständlichkeiten der Abreise, das Kofferpacken, die Fahrt mit der belasteten Droschke zum Bahnhof, die Ankunft dortselbst, die Aufgabe des Gepäcks hinter mir habe und mich endgültig untergebracht und in Sicherheit weiß. Dann freilich tritt eine wohlige Abspannung ein, der Geist wendet sich neuen Dingen zu, die große Fremde eröffnet sich dort hinter dem Bogen des Glasgewölbes, und freudige Erwartung beschäftigt das Gemüt."

Von der Eisenbahn zu meiner Zeit ist die Rede. Wir haben die Daten eingegrenzt: sie liegen zwischen dem Erscheinen der ersten Dampflok der Baureihe 01, mit welcher die in der Deutschen Reichsbahn zusammengeschlossenen Länderbahnen eine neue Ära vereinheitlichten Lokomotivbaus eröffneten, also dem Jahre 1925, und der Ausmusterung der letzten nach dem Krieg neu geschaffenen Dampflok, der 10 001, deren letzte Fahrt am 20. 3. 1967 von Gießen nach Kassel stattgefunden hat. Doch was liegt alles zwischen diesen Daten an Geschehen eingeschlossen? Als die erste 01 erschien, da sangen wir als Schlager „Ich hab' mein Herz in Heidelberg verloren", oder „O Donna Clara, ich hab' dich tanzen gesehen", die erste Schlagerwelle aus den USA schwappte nach Deutschland über. Soeben war Hindenburg zum Reichspräsidenten gewählt. Das Ruhrgebiet wurde von den Besetzern geräumt. Im Januar 1925 ging das Reichskanzleramt an Dr. Hans Luther, und Gustav Stresemann unterzeichnete als Außenminister den Locarno-Pakt.

Und 1967? Wer vermag sich noch daran zu erinnern? Es war das Todesjahr von Konrad Adenauer, das Jahr der Großen Koalition in Bonn und des Sechstagekriegs in Israel.

Sie gehört in mancherlei Hinsicht zu den Eckdaten des Verfassers, die bayerische S3/6. Hier die Lok 18 534 vom Bw Osnabrück Br.

Jene Jahre vor dem Zweiten Weltkrieg, und wohl auch noch eine Weile danach, wiesen einen anderen Lebensrhythmus auf. Früh gegen drei oder vier Uhr fuhr schon der erste sogenannte Arbeiterzug zum Industriezentrum. Auch des Nachts rollten die Züge, ganz im Gegenteil zur heutigen Zeit, wo manche Bahnhöfe überhaupt erst gegen sechs Uhr geöffnet werden und nachts von besseren Tagen träumen. In der DDR hatte sich noch manches von diesem anderen Rhythmus erhalten, dem frühen Arbeitsbeginn. Um sechs Uhr fing die Frühschicht an. Es hieß, daß bis zum Frühstück schon ein großer Teil der Arbeit erledigt sein müsse. Mit Zunahme der Bürotätigkeiten haben sich auch die Arbeitszeiten verschoben, sie sind in vielen Fällen gleitend und auf den parkplatzsuchenden Arbeitnehmer zugeschnitten. Frühstück, Mittag und Feierabend, so hießen die Markierungspunkte des Daseins, nach denen sich auch die Fahrpläne zu richten hatten.

Noch bis in die fünfziger Jahre gab es eine weitere Eigenheit, die inzwischen überall verschwunden ist. Des Mittags zwischen zwölf und zwei Uhr pfiffen und bimmelten in Deutschland die Kleinbahnen über das Land, dampften die Mittagszüge zu den Dörfern, auf daß die Bauern ihre Uhr danach stellen konnten. Dreimal täglich – früh, mittags und abends – verkehrten in der Regel die Kleinbahnen und verkündeten ihrer Umwelt mehr oder weniger lautstark „ich schaff' es noch – ich schaff' es noch" – falls nicht ein verzweifeltes „ich schaff' es nicht – ich schaff' es nicht -" daraus wurde. Es mußten schon arriviertere Strecken sein, auf welchen sich zwischendurch noch Züge auf den Weg machten. Die Bedeutung der Kleinbahnen als die Kulturbringer für das Land abseits der Städte ist heute nur noch schwer abzuschätzen, weil sie niemand mehr kennt. Der Bahnbus ist an ihre Stelle getreten als eine Art Notbehelf für denjenigen, der kein Auto sein eigen nennt.

Man erinnert sich an so manches, wenn man den Blick prüfend nach rückwärts auf „seine" Zeit richtet. Wir haben auf diesen Seiten schon einiges darüber genannt. So kamen während der dreißiger Jahre die schönen „Reisen und Schauen"-Hefte auf mit ihrer Unterabteilung „Was gibt's zu sehen zwischen Berlin und München, Frankfurt, Stuttgart, Saarbrücken". Hierin wurden dem Reisenden die Sehenswürdigkeiten seiner Strecke auch bildlich erklärt, und ich fand die Hefte gar nicht schlecht. Bedauerlicherweise hat es in dieser Form keine Neuauflage gegeben, die geistigen Weichen der Fahrgäste waren nach dem Krieg wohl anders gestellt.

Ein anderes wichtiges – ganz besonders für den Eisenbahnfreund – Datum aus der Zeit vor dem Zweiten Weltkrieg haben wir noch gar nicht erwähnt – wer wird sich dessen noch erinnern? Wir meinen die am 25. November 1938 angeordnete Umzeichnung der übernommenen österreichischen Lokomotiven und ihre Einordnung in den deutschen Nummernplan. Den österreichischen Nachbarn mag es gar nicht gefallen haben, wer wollte es ihnen verdenken, denn ihr Nummernsystem war besser als das deutsche. Aber für uns „Reichsdeutsche", wie wir damals hießen im Unterschied zu den „Ostmärkern", war es *das* Ereignis jener Zeit. Da erschienen vergessene Baureihen wieder neu, es gab wieder 13er, 14er, ja die 12 und die 15 kamen bei den Schnellzuglokomotiven dazu. Eine ganz neue Reihe 35 und vieles andere. Es gab neue Eisenbahndirektionen mit Namen, die gar nicht geläufig waren: Linz, Villach, Wien. Die Fahrpläne erhielten andere Nummern, weil dann auch noch das Sudetenland und die eroberten Ostgebiete eingeordnet werden mußten. Das Problem lautete allerdings: Man erfuhr amtlich nichts! Ich kam erst im Jahre 1943 hinter Einzelheiten, als ich im bekannten Eisenbahnladen in der Saarlandstraße jenen Sonderdruck aus dem „Organ für die Fortschritte des Eisenbahnwesens" erwerben konnte und den ersten groben Überblick erhielt. Wie schwierig ging doch damals alles zu, man erfuhr ja nur, was der Staatsraison diente. Und Lokomotivnummern? Da wurden doch sogar Eisenbahner mißtrauisch, wenn man zu viel fragte. „Feind hört mit!" stand überall auf Plakaten als Warnung vor Spionen. Und unsere Eisenbahner waren gute Patrioten.

Jene schreckliche Zeit erinnert aber auch an manches Kuriosum. Ich denke an die Verdeutschung slawischer Ortsnamen und damit der Bahnhofsnamen. Das fing schon 1936 an, als man Horka in der Lausitz in „Wehrkirch" umbenannte. Alsbald folgten Eydtkuhnen und Stallupönen in Ostpreußen, nunmehr Eydtkau und Ebenrode geheißen. Bis 1939 kamen weitere Verdeutschungen hinzu, besonders in Oberschlesien. Birawa hieß fortan Reigersfeld, Deschowitz wurde zu Odertal, Slawentzitz nannte sich Ehrenforst, Vossovska avancierte zu Vosswalde und so weiter. Interessant ist ja, daß sich das alte Preußen in keiner Weise um die polnischen Ortsnamen geschert hatte. Deutschland war eben in Skalmierzyce zu Ende (ab 1940 Skalmen), und die D-Züge trugen bis 1918 eben dieses Richtungsschild an den Wagen (man sagte übrigens Skalmierschütz). Noch interessanter wurde die Geschichte, als die „Germanisierung" nach Polen hineingetragen wurde. Sierpc wurde zu Sichelberg, Plock zu Schröttersburg, Terespol zu Terzelwald und ähnliches mehr. Unsere Gebietsreformer aus den siebziger Jahren hätten von den Namensschöpfern damals noch einiges lernen können.

Wie vieles gäbe es auch aus der Zeit der Bombenangriffe zu berichten. Bei Luftangriffen fuhren die Züge durch Bahnhöfe, ohne zu halten, durch, ich habe bei anderer Gelegenheit hierüber berichtet. Die Findigkeit der Eisenbahner, Züge trotz zerstörter Gleise auf irgendwelchen Umwegen ans Ziel zu geleiten, muß geradezu genial genannt werden. Eine solche Fahrt ist mir unvergeßlich, als die Stromlinienlok 01^{10} kurzerhand rückwärts vor das andere Ende des Zuges gespannt wurde und der Zug einen ganz anderen Streckenabschnitt befuhr.

Wer den Zusammenbruch im Jahre 1945 heil überstanden hatte, begann sich wieder seines Daseins zu freuen. Die Hoffnung, daß es nunmehr nie wieder Krieg geben würde, erwies sich als eine trügerische Fata Morgana. Nach wenigen Jahren begann die Berlin-Blockade und der Krieg in Korea, die Menschheit hatte nichts dazugelernt.

Endpunkt seiner Zeit ist die Baureihe 10, von der 1957 nur noch zwei Stück gebaut wurden. Aufnahme bei Bad Nauheim 1963.

1950 und 1951 holte die Deutsche Bundesbahn (am 7.9. 1949 gegründet als Nachfolger der Deutschen Reichsbahn in den Westzonen) zu einem gewaltigen Aufschwung aus. Neue Dampflokomotiven wurden gebaut. Wir kennen sie alle noch, die Baureihen 23, 65 und 82. Der gute alte Schienenbus entstand und hat so mancher Nebenstrecke zu einem langjährigen Überleben verholfen. Das Jahr 1952 gilt als ein weiterer Markstein in der Nachkriegsgeschichte: Die ersten Vorauslokomotiven der BR E 10, heute 110, erschienen, nachdem man bis dato noch ältere Typen weitergebaut hatte. Eben dieses Jahr 1952 stellt den Beginn des Groß-Diesellokbaus mit hydraulischer Kraftübertragung dar, wo die deutschen Bahnen eine führende Stellung übernehmen sollten. Den Auftakt bildete die V 80, der 1953 die vielbewunderte V 200 folgte. Die kleine Verschiebelok von 1955 mit Antrieb über Blindwelle und Kuppelstangen – als V 60 bezeichnet – hat sich in jahrzehntelangem Betrieb bewährt.

Ebenfalls 1952 entstanden neue Schnelltriebwagen, die VT 08, während die ein Jahr später unternommenen Versuche mit den beiden Gliedertriebzügen „Komet" und „Senator" nicht zu dem gewünschten Erfolg führten. Dafür bescherte uns das Jahr 1953 eine weitere, bedeutsame Entwicklungsstufe: Den 26,4 m langen D-Zug-Wagen mit den neuentwickelten Minden-Deutz-Drehgestellen, ein Fahrzeug, welches noch immer das Rückgrat unseres Schnellzugverkehrs bildet. Die auf Doppelstockwagen der fünfziger Jahre gesetzten Hoffnungen haben sich bei der DDR-Reichsbahn erfüllt.

Es ging damals Schlag auf Schlag: Auch das Jahr 1954 brachte eine tiefgreifende Neuerung. Die DB begann mit dem Umbau älterer dreiachsiger Abteilwagen, die bis 1958 neue Wagenkästen erhielten und für dreißig Jahre das Gesicht des Nahverkehrs bestimmen sollten. Die Umbauten vierachsiger D-Zugwagen entstanden zwischen 1955 und 1960. Es ist aus heutiger Sicht ganz erstaunlich, wie schnell die Erneuerung auf den deutschen Eisenbahnen in jenen Jahren voranschritt. 1956 erschienen die E 40, E 41 und E 50, denen 1958 die V 100 folgte. Krönender Abschluß jener fünfziger Jahre stellte im Jahre 1960 der Nahverkehrswagen mit rostfreier Außenhaut dar, der ein Jahr später auch für den Wendezugbetrieb mit Steuer- und Gepäckabteil ausgerüstet wurde.

Die zwischen 1950 und 1960, also in einem Jahrzehnt, entstandenen Fahrzeuge haben ein Vierteljahrhundert lang das äußere Bild der Deutschen Bundesbahn bestimmt. Seit den sechziger Jahren ist es um Neuschöpfungen stiller geworden. Bewährtes wurde ausgebaut, und die Entwicklung zu meiner Zeit fand ihren krönenden Abschluß im Bau der ersten E 03 oder 103, die im Jahre 1965 ihre Probefahrt antrat.

So manches aus der Vorkriegszeit ist inzwischen verschwunden und hat ausgedient, beispielsweise die alten Einheits-D-Zug-Wagen von 1928, damals neu mit ihrer genieteten Stahlbauweise im Gegensatz zu den früheren Holzwagen. Die verbesserte Bauart von 1936 bis 1939 existiert noch in einigen Museumsfahrzeugen. Denken wir ferner an die genieteten Eilzugwagen von 1930, die es ab 1934 in geschweißter Ausführung gab. Was damals als ungeheurer Fortschritt galt, ist längst passé, die Fahrzeuge rollen nur noch in unserer Erinnerung über die Schienenstränge, sofern nicht Museumsbahnen rechtzeitig tätig waren und sie heute liebevoll pflegen.

Meine Zeit ging für mich persönlich mit einem erfreulichen Höhepunkt zu Ende. Ich meine die letzten Jahre des Dampfbetriebes bei der Deutschen Bundesbahn und auch bei der Deutschen Reichsbahn in der DDR.

Das Schicksal bescherte mir einen Arbeitsplatz im Rhein-Main-Gebiet mit dem angenehmen Nebeneffekt, daß ich sonntags oder während des Urlaubs manche Stunde an der Frankfurt-Bebraer Eisenbahn und nach deren Elektrifizierung an der Main-Weser-Bahn verbringen konnte und den ausklingenden Dampfbetrieb erleben durfte. Dort dampften sie noch alle, unsere Veteranen aus Preußens Zeit: die BR 38, 39, 55, 56, 57, 74, 91, 93, 94, ja selbst die 95 eine Zeitlang auf der Spessart-Rampe. Dazu die Neubauten 23 und 65, selbst die 66, die in Gießen ihre Tage verbrachte. Dort war es auch, wo ich dem Anfangs- und Endpunkt meiner Zeit begegnete, der 01 – noch in größerer Stückzahl in Diensten – und der BR 10, jenen letzten beiden Neubau-Schnellzuglokomotiven, die den Eisenbahnfreund zu großen Hoffnungen beflügelten, über die die Zeit jedoch allzu schnell hinweggeschritten ist. Dazwischen die 01^{10}-Maschinen, die mit ihrem Neubaukessel und der Ölfeuerung viel zu spät zeigen konnten, was in der Dampflok für Reserven steckten. Einer meiner Lieblingsplätze war der Bahnhof von Bad Nauheim. Die Strecke führt von dort in einer leichten Steigung nach Butzbach. Ich mußte bei jedem Besuch an meinen alten D 131 denken. Hier wie dort die gewaltigen Anstrengungen der Maschinen und ihrer Männer, zügig in die Steigung einzufahren und den Fahrplan einzuhalten. Das gab eine kräftige Blasrohrmusik. Die Rolle des D 131 spielte jetzt der D 177, mit der 01^{10} oder einer 10 bespannt.

Es gab noch anderes. Unvergeßlich die „Schiefe Ebene, jene lange Steigung zwischen Neuenmarkt-Wirsberg und Marktschorgast in Franken. Als die Dampfloks der BR 18^4 dort noch agierten und der altbayerische Riese BR 96 die Züge nachschob, da hat sich kein Mensch für dieses Fleckchen Erde interessiert. Ende der sechziger Jahre kamen die Eisenbahnfreunde in Scharen und machten den Eisenbahnern das Leben sauer.

Genauso war es auf dem Streckenabschnitt zwischen Bebra und Hönebach, oder – auf der anderen Seite – zwischen Gerstungen und Hönebach. Hier ließ sich die Leistungssteigerung der umgebauten 01 der DR auch für den Laien sichtbar beobachten. Quälten sich Ende der Fünfziger die 01-Maschinen mit Hilfe einer Schiebe-44 die Steigung hinauf, so donnerte jetzt die 01^5, also die

verbesserte 01, ohne Schub mit Elan die Steigung zum Tunnel hinan. Es hat bekanntlich 30 Jahre gedauert, bis aus der 01-Lokomotive eine ihrer Größe entsprechende leistungsfähige Maschine wurde. Die letzten Dampfjahre über ging die DR in Führung.

Die alten preußischen Güterzuglokomotiven der Baureihe 55.25 machten sich bis in die sechziger Jahre im Rangierdienst nützlich. Aufnahme in Offenbach (Main), Güterbahnhof. (Foto W. Maedel)

In Bebra wurde 1973 der Dampfbetrieb eingestellt, so daß auch dieses Datum mit dem Zeitraum dieses Kapitels übereinstimmt.

Alles war Abschied in jenen sechziger Jahren, und vieles geht mit meiner Generation unter, vieles an Bildung, aber auch an Erfahrungen. Die junge Generation wächst in eine veränderte Welt hinein. Der Verfasser hat inzwischen ein Alter erreicht, das ihn zwangsläufig mehr nach rückwärts schauen läßt als in die Zukunft. Die neue Welt, die sich vor uns auftut, ängstigt mich, Halbleiter und Thyristoren erschrecken mich, Mikroelektronik heißt das Zauberwort der Gegenwart. „Die Welt ist dabei, dem

Menschen davonzulaufen", hieß es bei einem wissenschaftlichen Symposium vor einiger Zeit. Da wurden Äußerungen getan, wie: „Nicht mehr der Mensch eignet sich die Welt an, sondern umgekehrt", „Expertokratien haben das Regiment übernommen, und die moderne Informationsgesellschaft bringt eher weniger verstandenes Wissen." Prof. Stürmer nannte die Dinge beim Namen: „In einer Welt, in der die Aussicht auf Zerstörung und Selbstzerstörung apokalyptische Zukunftsvisionen bringt, hat der Mensch sittlich-moralisch nicht mehr Fähigkeiten, um damit fertig zu werden, als zur Steinzeit verfügbar waren!"

Doch lassen wir dieses Buch nicht so pessimistisch ausklingen. Von der 01 zur 10 001 – das war meine Zeit, ein schöner, interessanter, einmaliger Abschnitt in der langen Geschichte unseres Eisenbahnwesens. Wenn auch der Intercity hochnäsig durch unsere Stadt hindurchrast, wenn auch so mancher Bahnhof, der einem lieb war, nicht mehr existiert, wenn auch die Bundesbahn alljährlich neue Hiobsbotschaften über Streckenstillegungen verbreitet, noch fährt sie, die Eisenbahn. Ein paar Bummel-D-Züge halten allemal. Noch kann ich mich auf die Bank am Bahnsteig setzen und mir den Fahrtwind vorbeirollender Züge um die Nase wehen lassen. Und davon träumen, wie hier einst die 18^3-Lok, frühere badische IV h, majestätisch langsam mit ihrem Zug davonpuffte, oder wie die 74er mit ihrer kunterbunten, aus schönen alten Nebenbahnwagen bestehenden Fuhre über die Dörfer dampfte, mehr pfeifend als fahrend, wie der Akkumulator-Triebwagen der Bauart Wittfeld so herrlich unmelodisch tutete, daß die Hühner ins Feld stoben vor lauter Verzweiflung. Wie schön war doch trotz so vieler Widrigkeiten „meine" Zeit.

Letzte Fahrt

Wir leben in einer merkwürdigen Zeit. Da umgibt uns ein Wohlstand, wie ihn sich unsere Vorfahren nicht einmal zu erträumen wagten, da können wir uns alle nur erdenklichen leiblichen Genüsse leisten, die den alten Lukullus vor Neid hätten erblassen lassen, da genießen wir eine geistige Freiheit, wie sie den edelsten Geistern unserer Geschichte bestenfalls als Fata Morgana erschienen wäre, da sind in der Morallehre so gut wie alle Tabus gefallen, die letzten Geheimnisse von Sex und Erotik werden bereits in der Schule gelehrt – noch vor Jahrzehnten völlig undenkbar –, und doch sind wir nicht zufrieden. War also alles Sehnen der Menschheit über Jahrtausende hinweg nach irdischem Glück eine Chimäre? Denn wir haben es ja, wir können es täglich genießen, dieses irdische Glück, eine Steigerung ist nur schwer denkbar. An seiner nicht zu überbietenden Vollkommenheit fehlen doch nur die Abschaffung der Arbeit und die ewige Gesundheit.

Aber siehe da – auch der Wohlstand befriedigt auf die Dauer nicht, die Blicke der Menschen wenden sich nach rückwärts in jene Zeit, als die Welt offenbar noch heil gewesen sein muß. War sie heil? Sie war es nie. Das, was wir heute als Nostalgie erleben, ist doch nur die Umkehrung unserer Sehnsüchte, unserer Träume. Da es in der vollkommenen Wohlstandsgesellschaft allmählich kein Ziel mehr gibt, suchen wir Geborgenheit in der Vergangenheit, in unserer Kinderwelt, um die geht es doch letzten Endes. Denn an das Elend der vergangenen Jahrhunderte denkt niemand. Wir lieben alte Bilder, alte Häuser, alte Autos, doch Hunger, Tbc, Kindersterblichkeit und Unfreiheit bleiben ausgeklammert. So nüchtern sehen die Dinge aus. Nostalgie ist nichts weiter als ein neuer Ausdruck der Lebensangst des Menschen des ausgehenden zwanzigsten Jahrhunderts, der – gemessen an der Intelligenz der Wissenschaft – wohl idiotischsten der Menschheitsgeschichte.

Oder soll man die Dinge anders sehen? Was ist denn überhaupt unser Ideal? Kennen wir es? Ei, lesen wir, was Lokführer Rolf Wittig in Heft 7/75 der Zeitschrift „Der deutsche Eisenbahner" geschrieben hat:

„Ja, ehrlich, manchmal überkommt es mich. – Wenn ich so acht, zehn Stunden auf meinem hochmodernen, elektronisch gesteuerten, luftgefederten, mit Panoramascheiben bestückten Elektrozug runtergerissen habe, abgespannt bin, aber nicht müde genug, um nachher einschlafen zu können, dann denke ich an die alten Dampfer zurück. An die schmierigen, kohleverstaubten, rüttelnden, stoßenden, nach heißem Öl riechenden Ballerwagen, auf denen es an allen Ecken zog und wo die Sitzgelegenheit nicht ölhydraulisch gefedert, sondern ein hölzerner, dreibeiniger Hocker war, der einem das Steißbein wundrieb.

Mal wieder so richtig malochen, daß einem das Wasser hinten runter läuft und auf der staubschwarzen Stirn weiße Bäche macht! Den Geruch von verbranntem Eisen riechen, wenn durchdrehende Zweimeterräder die Schienen schleifen, den von vielen schwieligen Heizerhänden polierten Schaufelstiel halten, kämpfen mit den Elementen Feuer, Wasser und Dampf mit der Kraft der Muskeln, mit Verstand und Erfahrung! – Ja, meine Herren, es war eine Kunst, die Karre gerade zur Minute der Abfahrt so scharf zu haben, daß die Ackermannventile kurz vor dem Abblasen leise säuselten, das Wasser dreiviertel im Glas stand und das Feuer genau richtig durchgebrannt war! Eine Kunst, die Kumpels täglich dutzendmal praktizierten, ohne großes Gerede davon zu machen, eine selbstverständliche Kunst! Wer sie nicht beherrschte, konnte vielleicht sonstwas werden, aber kein Heizer! –

Einmal möchte ich wieder Schaufel um Schaufel die schwarzglänzenden Brocken reinknallen in die Weißglut, mit zugekniffenem Auge die leicht dunklen Stellen suchen, wo das Feuer abgebrannt ist, das Singen des Injektors hören und das gleichmäßige Donnern aus dem Schornstein vorn, das zusammen mit hellbraunem Rauch mir sagt, daß alles in Ordnung ist, daß wir den Hügel leicht schaffen werden mit unserem 1700-Tonnen-O-Wagenzug. Ja, wir kannten jeden kleinen Hügel, wo Dampf gebraucht wurde und genau den Punkt, an dem der Meister zumachte! Keine Schaufel zuviel wurde da reingeworfen!

Geht euch das auch manchmal so? Geht euch nicht auch manchmal die ganze Modernität, die zwar die Nerven pausenlos strapaziert, die Muskeln aber verkümmern läßt, auf die Nerven? Ich zweifle jedenfalls gelegentlich, ob der Fortschritt wirklich so groß ist, die Muskelarbeit abgeschafft zu haben, um dann nach Feierabend in Schwimmbädern, Trimm-Dich-Centern, beim Jogging und in Saunen überschüssige Pfunde wieder abzuarbeiten.

Eine letzte Erinnerung an die Dampfzeit: Der Schnellzug aus Siegen – Gießen hat Bad Vilbel durcheilt und dampft jetzt in voller Fahrt nach Frankfurt (Main); Lok 023 014.

Die Sache damals hatte nur einen Fehler: Du mußtest es tun! Ob du Lust hattest, oder nicht, ob 28 Grad Wärme waren oder 17 Grad Kälte, du mußtest antanzen nachts um halb zwei! Und mit scheppernden Ölkannen stolpertest du ins Magazin, leiertest mit frostklammen Händen das festgefrorene Ventil vom Wasserkran auf, wuchtetest tonnenweise Kohlen ins große Loch, wandest dich zwischen schmierige Achsen, um die Lager zu ölen, denn um 4.37 Uhr ging der olle Train, und da mußte Emma scharf sein. –

Freiwillig müßte das sein. Dann, glaube ich, könnten die sich kaum retten vor Männern, die noch mal so 'ne Pe-achte oder Eszehne übern Berg zwiebeln möchten!" –

Wenn diese Zeilen manchen fortschrittsgläubigen Leser auf den Boden nüchternen Lebens zurückgerufen haben sollten, dann wäre ihr Zweck hinreichend erfüllt. Eine hochmoderne E 103 scheint offenbar doch nicht das Non-plus-ultra der Zeit. Doch die alte, schlingernde E 77 mit ihrem – wörtlich genommen – Führerstand war es auch nicht. Was bedeutet eigentlich der „Führer" bei der modernen Traktion? Nehmen die Fahrgäste überhaupt von ihm Notiz? Der Lokführer ist unsicher geworden, er schaut höchstens aus dem Fenster, das Abfahrtssignal zu erwarten. Der Kontakt zum Publikum ist abgerissen, zerstört, nicht mehr vorhanden. Insofern gibt es auch keinen Führerstand mehr, an seine Stelle ist das Cockpit getreten – es verkörpert eine andere Weltanschauung, wenn wir diesen Satz überhaupt noch einmal erwähnen wollen. In unserem Buch stand der alte Lokführer im Vordergrund, jene legendäre Zahl von wetterharten Gesellen, deren Ahne jener Mister Wilson war, der im Frack und Zylinderhut auf der Plattform des „Adler", der ersten deutschen Lokomotive, stand und mit Fingerspitzengefühl die Gabelsteuerung der Lok bediente. Oder den in Pelze eingemummten Männern, die auf offenem Führerstand durch den Schneesturm brausten, jenen Männern, die mit viel Erfahrung und Begabung aus einer Vierzylinder-Verbund-Lokomotive das Letzte herausholten, so wie jene „Senateurs de Tours", einsame Elite, welche die Chapelon-Pazifik zu Weltruhm zu führen vermochten, oder jener Oskar Langhans, der mit der 05 002 erstmals offiziell mit einer Dampflok die Grenze von 200 km/h überschritt. Auch die alten Ellokführer gehören dazu, die sich mit der ES 2 herumplagen mußten, die mit des Armes Muskelkraft die E 90 in Gang zu setzen hatten. Ja selbst eine E 118 mußte noch „geführt" werden. Zu ihrer Zeit gab es noch keine Linienzugbeeinflussung und wie alle diese aus dem 21. Jahrhundert vorweggenommenen Einrichtungen heißen.

Die alte Garde stirbt aus. Ohne Zweifel sind die Männer im weißen Hemd, die heute im Lokomotiv-Cockpit sitzen, genauso ehrenwert, zuverlässig, tüchtig wie ihre Dampflok-Väter. Der Unterschied kann jedoch nicht hinweggeleugnet werden. Ein Cockpit-Fahrtechniker ist nicht mehr interessant, kein Bub schaut mehr mit leuchtenden Augen zum Führerhaus hinauf oder erschauert des Nachts vor der fackelnden Ölkanne. Und wenn einer einmal nach vorn geht, zur Ellok 111 oder 112, zur 141 oder 151, dann sieht er – nichts. Die Faszination der Eisenbahn ist vorbei.

Eine Dienstreise führte mich kürzlich ins Ruhrgebiet. Dienstreisen unternimmt der Arbeitnehmer mit der Eisenbahn, weil ihm sein Brotgeber die erste Wagenklasse und den TEE-Zuschlag bezahlt. Ich wählte keinen der Renommierzüge, sondern stieg in Oberhausen Hbf in den D 205, Riviera-Expreß, der von Amsterdam kam, dann mit dem E 2108 aus Dortmund vereinigt wurde, mit welchem die Kurswagen aus dem östlichen Industriegebiet herankamen. Die Zusammenstellung eines Zuges ist immer ein interessantes Schauspiel, faszinierender noch, als die Dampflok

Rechte Seite: Abermals eine Erinnerung an die Zeit, als die Welt noch (oder wieder) in Ordnung war. Der Nahverkehrszug Recklinghausen – Oberhausen erreicht im Jahre 1959 das Vorfeld seines Zielbahnhofes.

38 3005

dieses Geschäft besorgte. Es war im Dezember, der Abend sank frühzeitig über das Land, ein trüber Tag neigte sich dem Ende zu. Das Glück wollte es, daß ich während dieser Fahrt allein in meinem Abteil blieb und die Reise bei abgedunkeltem Licht genießen konnte, ganz dem Zauber der Schiene hingegeben. In der Finsternis tauchen die Erinnerungen auf, die guten und die weniger guten, zumal, wenn draußen die Nebelfrau ihre Schleier spinnt. Oberhausen Hauptbahnhof, ein alter Bekannter in guten und bösen Tagen. Als noch die 17 1090 vor dem Zug stand. Oder die Kölner 01 100. Als es sich nicht so bequem im Wagen saß, vielmehr Fliegeralarm zur gewohnten Untermalung der Fahrt gehörte, und die Schienenstöße für gleichmäßigen Takt der Räder sorgten. An ihre Stelle ist ein sanftes Rauschen getreten, es untermalt lediglich die Ruhe im Abteil. Vielleicht träumt es sich deshalb besser? Träumen ist immer gut, wenn man satt ist und des Lebens Fülle genießen kann. Und der Traum vom Fahren ist schön.

In Duisburg und Düsseldorf Halt. Reminiszenzen an die Kriegstage tauchen auf. Dann Köln. Früher kam hier die S 3/6 an den Zug, vielleicht die 18 540 oder 537? In Düsseldorf wußte man bereits, daß sie eben aus dem Bw zum Hauptbahnhof dampfte, daß der Heizer fleißig Dampf aufmachte und der Lokführer nochmals mit der Putzwolle über die Haltestange strich, denn die Lok mußte blitzsauber sein. Irgendwie war einem der Führerstand vertraut. Wußte man dort zwei Männer, denen man sich blindlings anvertrauen konnte, die mit dem Begriff der Reise identisch waren. Das mag das Irrationale am Führerstand gewesen sein, jenes unsichtbare Band zwischen Lokführer und jedem einzelnen Reisenden, sofern er überhaupt bereit war, gedanklich den Vorgang des Reisens zu erfassen. Das dazu führte, daß man am Kopfbahnhof den beiden Männern dort oben einen Blick schenkte, neugierig zwar und doch unterschwellig mit einer Art Dankbarkeit erfüllt.

Der Zug fährt das Rheintal aufwärts, es ist eine Lust, zu erleben, wie der Wagen in die Kurven drängt, deren es zahlreiche gibt. Auch heutigen Tages fährt man nicht schneller als zur Dampfzeit, die Streckenverhältnisse erlauben es nicht, sehr zum Leidwesen der Eisenbahnbauer, die liebend gern noch ein paar Milliarden verpulvern möchten, um dem Götzen Fortschritt seinen Tribut zu bringen, damit der Reisende zehn Minuten eher in Frankfurt ist.

Bei Boppard eine Langsamfahrstelle – der Wagen kracht in eine Weiche hinein und wiegt sich in den Federn. Langsam geht es den Bahnsteig entlang, auf welchem Reisende „ihren" Zug erwarten.

Die Jünkerather Lok 39 250 nimmt mit ihrem Zug Richtung Köln problemlos die Steigung beim Dorf Dahlem in der Eifel. Aufnahme 1965. (Foto G. Maedel)

Jener leichte Schlag, mit welchem der Wagen etwas zu geschwind in die Weiche einlief, klang er nicht wie ein Posaunenstoß der Sinfonie des Reisens? Eine kleine Weiche entscheidet darüber, ob wir in Hamburg, Berlin, Köln oder München ankommen. Dem Lokführer stand diese Weiche bereits seit Minuten als Menetekel vor Augen, Geschwindigkeitsbegrenzung, zwei Flügel! Und ob diese Weiche in Bebra liegt oder in Ducherow, sie entscheidet letztlich über den Lauf des Zuges.

Hinter Boppard kommt der Zug wieder in Fahrt, vergebens lausche ich auf das sich Steigern der Auspuffschläge der Kölner S 3/6, die sich an den Häuserwänden lautstark gebrochen hätten, hörbar deutlich die Beschleunigung demonstrierend. Vermutlich bin ich der einzige Fahrgast, der solches denkt. Wir haben uns längst an die moderne Traktion gewöhnt. Dennoch bleibt immer wieder erstaunlich, wie viele „Zuschauer" an einer Dampfsonderfahrt teilnehmen. Aber sie schauen eben nur zu, sie reisen mit dem Auto an – die Dampfeisenbahn ist zum Schauobjekt geworden.

Der Lauf des Zuges wird schneller, Bahnhöfe huschen vorüber, deren Namen ich im Halbdunkel bei der hohen Geschwindigkeit nicht mehr lesen kann. Ich werde des Schauens müde, die Uhr geht auf halb zehn. Was ist das nur, daß man immer wieder zurückdenkt? Daß ein ernsthafter Lokführer, der tagaus, tagein im Cockpit seiner Ellok sitzt, schreibt: ich möchte mal wieder 'ne Dampflok stoken?

Wenn die große gütige Fee aus dem Märchenland plötzlich vor uns erschiene und uns einen Wunsch freigäbe, wenn wir beliebig äußern könnten, was wir noch einmal erleben möchten. Was würde man wohl antworten? Das erste große Geld? Oder nochmals die erste große Liebe? Vielleicht den ersten Urlaub? Die erste Autofahrt mit dem neuen Führerschein?

Ich möchte noch einmal mit meiner alten „Hettstedter" fahren, im ersten Wagen hinter der Lokomotive, nicht einmal auf dem Führerstand, sondern weit aus dem Fenster lehnen und schauen, die milde, würzige Landluft in vollen Zügen genießen. Wenn die 153 oder 182 vor dem Zug steht, der lange Lokführer Marx aus dem Fenster seines Führerhauses guckt und auf den Pfiff des Zugführers wartet. Wenn es von Gerbstedt Richtung Halle in die Steigung hineingeht, die 182 ihr Lied singt, schöner als jede Opernarie, einmalig und urtümlich – ich schaff' es noch – ich schaff' es noch – ich schaff' es noch – ich schaff' es noch – und uns solchermaßen von ihrer Tüchtigkeit überzeugt! Wenn die Lok höher und höher kraxelt und alsbald das Land zu unseren Füßen liegt, der Blick weit in die Ferne zum Petersberg schweift, und dann eine schwarze Qualmwolke aus dem Schlot der Lokomotive die Welt verdunkelt – - -!

Unwiederbringlich dahin – es gibt sie nicht mehr – die „Hettstedter". Was ist an ihre Stelle getreten? Ein Omnibus, Verkehrsmittel, das nur der vom Fortschrittswahn umnebelte Geist des Ingenieurs des 20. Jahrhunderts erfinden konnte.

Der Zug braust weiter, Mainz liegt bereits hinter uns, dumpf poltern die Wagen über die Rheinbrücke, dann fliegt Rüsselsheim mit den Autohalden der großen Fabrik vorbei, Waffenschmiede des Kriegsschauplatzes unserer Tage. Dann Frankfurt, Ende der Reise. Keine S 3/6 vor dem Bremsprellbock, vielmehr eine E 103. Der Lokführer lehnt aus dem Fenster, im braunen Kittel, jung, sportlich und doch Solidität ausstrahlend. Ich nicke ihm zu, er schaut verwundert zurück und überlegt wohl, wer ich sei, warum ich ihn grüße.

Ich kenne sie alle, ob August Lemcke, die Schneidereits, die Brades, die Wuttigs und auch ihn, den Mann auf dem Cockpit der E 103. Die Fahrzeuge haben sich geändert. Doch die Männer? Sind sie im Grunde nicht immer die gleichen geblieben? Oder ist der Unterschied zwischen dem zwirbelbärtigen Lokführer auf der Kölner S 3 anno 1900 und dem Sportsmann auf der E 103 wirklich so gravierend?

Sei es, wie es sei. In diesem Buch durften wir noch einmal Gast auf dem Führerstand der Lokomotive sein, vielleicht ein letztes Mal. So waren diese Seiten überwiegend dem Rückblick gewidmet, der Rückschau auf jene Zeit, die nie mehr sein wird. Es schwingt ein wenig Wehmut in unseren Erzählungen mit, mancher Leser, der sich der Düsternis der Zeit nicht bewußt wird, tut sich schwer, sie zu verstehen. Für ihn war dieses Buch nicht geschrieben. Doch all denen, die wie der Autor Kraft und Stärke aus der Erinnerung schöpfen, um die Narretei der Gegenwart zu bestehen, sei ein Wort Schopenhauers an den Schluß gestellt:

„Das Menschenleben ist so kurz und flüchtig, daß es ein sehr dankenswertes Bestreben ist, doch etwas davon, das Andenken des Wichtigsten und Interessantesten, aus dem allgemeinen Schiffbruch der Welt zu retten."